现代创意新思维 DESIGN

十三五高等院校
艺术设计规划教材

# 广场景观设计

## 项目教程

秦一博／主编　　翁倩／副主编

U0240719

人民邮电出版社

北京

**图书在版编目（ＣＩＰ）数据**

广场景观设计项目教程 / 秦一博主编. -- 北京：
人民邮电出版社，2017.6（2024.7重印）
（现代创意新思维）
十三五高等院校艺术设计规划教材
ISBN 978-7-115-45021-0

Ⅰ. ①广… Ⅱ. ①秦… Ⅲ. ①广场－景观设计－高等
学校－教材 Ⅳ. ①TU984.1

中国版本图书馆CIP数据核字（2017）第046877号

## 内 容 提 要

本书分三篇讲解了广场景观设计的内容和方法，其中，理论基础篇包括广场的定义、分类和发展史，广场景观的设计原则，广场景观的设计要素，广场景观的设计流程及表现方法；项目实训篇包括校园广场景观设计、居住区广场景观设计、办公区广场景观设计、商业广场景观设计 4 个实训项目；案例赏析篇包括圣马可广场以及极简主义的代表人物、景观界的勇敢拓荒者、日本枯山水的代表人物作品的赏析。本书以项目为中心，涵盖了相关的理论知识点，注重理论与实践相结合。

本书适合作为高等院校、高职高专院校环境艺术设计相关专业广场景观设计课程的教材，也可供广大读者自学参考。

◆ 主　　编　秦一博
　　副 主 编　翁　倩
　　责任编辑　桑　珊
　　责任印制　焦志炜

◆ 人民邮电出版社出版发行　　北京市丰台区成寿寺路 11 号
　　邮编　100164　　电子邮件　315@ptpress.com.cn
　　网址　https://www.ptpress.com.cn
　　涿州市般润文化传播有限公司印刷

◆ 开本：787×1092　1/16
　　印张：15.25　　　　　　　　　2017 年 6 月第 1 版
　　字数：296 千字　　　　　　　 2024 年 7 月河北第 9 次印刷

定价：69.80 元

读者服务热线：(010)81055256　印装质量热线：(010)81055316
反盗版热线：(010)81055315
广告经营许可证：京东市监广登字 20170147 号

广场是城市对外交流的明信片，也是市民活动的"客厅"。随着生活水平的日益提高，人们对广场景观提出了更高层面的需求。广场景观设计作为一门多学科交叉的学科，是环境艺术设计专业的一门必修专业课。

本书主要基于工作任务，通过项目教学的方式，选取实际的项目进行内容的组织和安排。本书主要分为以下三篇。

第一篇为理论基础篇，介绍了广场的概念、分类、发展史以及广场设计的基本原则。以图文并茂的形式讲解了广场景观设计的基本要素以及广场景观设计的流程和方法，特别强调了设计过程中从"主题"开始的设计构思、从"功能图解"开始的设计方法，为项目实训篇的学习建立基础，构建牢固的理论框架。

第二篇为项目实训篇，是本书的核心部分，列举了4种不同类型的广场景观设计项目，详细讲解了设计的流程，并涵盖了相关的知识点。每个项目都包括项目目标、项目分析、相关知识点讲授和项目实施（包括具体设计的不同阶段），本书根据广场的不同类型各有侧重地讲解，帮助读者更有效地对比知识要点，从而更准确地掌握知识。项目实施部分采用了实际案例，逐步进行讲解，便于读者加深对整个设计流程的理解和对知识点的融会贯通。每个项目最后提出了项目的评价标准、总结以及课外拓展性任务与训练。

第三篇为赏析篇，借助优秀经典作品及景观大师的案例来探讨广场景观设计的手法和理念，帮助读者提高眼界、开拓思维、提高鉴赏能力，是本书的重要补充。

在整体把握上，本书既注重知识传授，又兼顾项目实践；内容充实，重点突出，图文并茂；以项目为中心，涵盖了相关的理论知识点，注重理论与实践相结合。本书非常适合作为高校环境艺术设计专业设计课程的教材，也可成为读者在学习和做项目设计时的参考图书。

本书全面贯彻党的二十大精神，以社会主义核心价值观为引领，传承中华优秀传统文化，坚定文化自信，使内容更好体现时代性、把握规律性、富于创造性。

本书由秦一博任主编，翁倩任副主编。秦一博负责整书的策划和项目一、项目二、项目三以及赏析篇的编写。翁倩完成了基础篇及项目四的编写。本书在编写过程中参考了相关的书籍、论文和图例，使用了部分学生的在校作品，在此向相关作者表示感谢。由于本书作者水平有限，书中难免有错误之处，恳请广大读者批评指正。

秦一博

2023 年 5 月

| 教学大纲 | | |
|---|---|---|
| 篇/项目 | 内容 | | 参考学时 |
| 广场景观设计理论基础篇 | 广场的定义、分类和发展史 | | 1 ~ 2 |
| | 广场景观的设计原则 | | 1 ~ 2 |
| | 广场景观的设计要素 | | 2 |
| | 广场景观的设计流程及表现方法 | | 2 ~ 4 |
| 广场景观设计项目实训篇（在校园广场、居住区广场、办公区广场、商业广场中任选其一进行实训练习） | 项目目标 | | 1 |
| | 项目分析 | | 1 |
| | 项目知识点讲授 | | 8 ~ 12 |
| | 项目实施 | 接受任务 | 2 |
| | | 实地勘测 | 4 |
| | | 概念设计阶段 | 8 ~ 10 |
| | | 方案设计阶段 | 18 ~ 22 |
| | | 扩初设计阶段 | 8 ~ 10 |
| | | 施工图阶段 | 10 |
| 广场景观设计案例赏析篇 | 经典广场景观设计作品赏析 | | 6 ~ 8 |
| | 课程答辩考核 | | 4 |
| 总计 | | | 76 ~ 94 |

# 目录

C O N T E N T S

# 目录

# 广场景观设计理论基础篇

　　城市广场是室外公共空间中重要的景观节点，也是城市的客厅，对外交流的明信片。不同的广场类型具有不同的形态特征和使用功能。欧洲广场的发展历史源远流长，政治和经济意识影响了广场的规划设计；我国广场建设起源于街市，与欧洲截然不同。无论是我国还是欧洲国家，现代广场景观设计已经开始考虑到人在公共空间的主体作用，重视人在空间的感受和体验。城市广场景观设计要综合考虑广场的历史背景和文化内涵，合理地布置广场景观要素，做到功能合理，特色鲜明。

# 一 广场的定义、分类和发展史

## 1. 广场的定义

▲ 山西汾阳城市广场，景观别致的城市花园广场，集健身运动、文化娱乐于一身，是城市形象的窗口，反映了城市的历史和文化，并从城市安全要求和人的生活行为出发，注重功能关系，协调交通流线

广场在当今城市交通系统中反映了重要功能，具有体现城市政治、文化活动的特征，周边城市建筑也相应较多，是城市空间中最具艺术魅力的公共开放空间，不仅反映了城市建设（尤其是景观规划）的总体水平，更反映出城市的发展理念和文化内涵。从景观规划角度来讲，广场规划设计是城市规划与城市公共空间规划的重要节点，具有改善城市生态环境、增加居民户外活动空间的作用。

广场是一个以硬质铺装为主，被建筑和道路围合的空旷场地，为人们提供户外活动的空间，是一个进行集会、运动、游戏、休憩、买卖等的城市空间形态，可以既包含通透的开放空间，又含有私密性的小空间。通常来说，广场具有一定的功能和主题，并涵盖广场主题雕塑或标志物、空间的围合、街道的组织以及公共活动区域等规划设计内容。

根据现代城市广场的功能以及规划，可将广场做出以下定义：广场是为了提供各种城市需求，以园林景观设计要素为基础，通过一定的场地围合，采用以步行为主要的交通手段，具有特定主题和功能的城市公共空间节点。

## 2. 广场的分类

从广场的发展历程来看，古今中外对广场的分类方法有很多，国外学者大多按照空间

▲ 现代城市广场运用雕塑、小品、铺装、路灯等元素来凸显主题，使广场更富有特定的涵义，运用设计元素来表达城市文化、限定空间

形态的不同进行分类；我国的《城市道路设计规范》中明确将广场按照使用功能进行分类。由于现代城市的规划与设计均是按照综合发展方向进行的，因此很难界定广场的统一性分类。因此，根据不同的分类方法，可将广场做以下分类。

### （1）按使用功能分类

①市政广场

市政广场一般设置在城市行政区域附近，主要用于市民集会、游行、节日庆祝等活动之用，通常设置在政府及其他行政办公建筑附近，也可设置在展览馆、博物馆等体现城市文化内涵的建筑周围。市政广场周边一般由主干道连通，能及时集中和疏散交通，广场场地多以硬质铺装为主，艺术雕塑与绿化景观作以适当点缀。

▲ 天安门广场，位于北京市中心，可容纳100万人举行盛大集会，是世界上最大的城市广场。天安门广场记载了中国现代革命史，是中国从衰落到崛起的历史见证

▶ 华盛顿国家广场（National Mall），由数片绿地组成，一直从林肯纪念堂延伸到国会大厦，这里是美国国家庆典和仪式的首选，同时也是美国历史上重大示威游行、民权演说的重要场地

▲ 温哥华罗布森市政中心广场将古典建筑与现代元素相结合,利用跌水营造响声景观

②纪念广场

纪念广场主要是为了纪念和缅怀历史人物和历史事件,建有具有重要纪念意义的建筑物,比如人物塑像、纪念碑、纪念堂等,供民众瞻仰、纪念或进行主题教育活动,通常广

▼ 美国"911"国家纪念广场位于911事件世贸中心"双子大厦"遗址,以"倒影缺失"为概念,让人强烈地感受到"失去"的感觉。两个下沉式空间,象征了两座大楼留下的倒影,象征两座大楼曾经存在过的印记

场四周布置园林绿化。纪念广场往往具有特定的主题，以主题建筑为主，其他景观要素与之相统一，营造庄严肃穆的环境氛围。

③交通广场

交通广场是集散人流、车流的城市公共空间，是重要的城市交通枢纽，规划设计应体现组织交通的合理性和有效性，保证车流和人流能够安全畅通。交通广场主要分为两类：一类是城市道路的汇集处，形成交叉口，疏导多条车流与人流，如环岛广场；另一类是交通集散场地，通过空间布局，合理规划人流和车流的问题，比如火（汽）车站，这类的广场由于人流、车流较多，广场场地面积要保证，同时要规划好区域，协调好出入口，有效解决人车交叉问题，避免交通堵塞现象。

▲ 交通广场地处交通要道，合理布置出入口、分配人流是做好交通广场的首要条件

④商业广场

商业广场位于城市商业繁华集中地段，集商场、餐饮、酒店、文化娱乐于一身的场所，

▲ 澳大利亚哈格里夫斯商业广场为本迪戈中央公共区域的核心，包含居住、商业等功能的综合商务区，成为人们工作和生活娱乐的主要使用空间。广场内为人们打造了"步行中心"，场地外部设计有公共汽车、自行车及行人使用的交通空间。两侧建筑外部商业空间上悬置有可伸缩的遮阳伞以及悬挑式玻璃屏幕

▲ 澳大利亚阿富汗集市的文化区以蓝色清真寺独特的瓷砖为设计灵感。街道两边铺有精致独特的地板，不同的颜色、质地、纹理决定了该场所的不同用途

这一区域常常是人流密集的地方，建筑设计与交通布局要体现便捷性，建筑内外空间相辅相成，相互延伸。商业广场的布局和结构体现了城市现代化发展水平和城市民众的经济水平，根据商业运营的特点，合理布置空间结构，在满足一定使用功能的基础上，可布置艺术雕塑、植物、小品等景观、娱乐设施，增加广场空间的互动性。城市或城镇中的集市广场也是商业广场的一种形式。

⑤宗教广场

宗教广场大多规划在教堂、寺庙、祠堂等地，用于举行宗教庆典、召开集会、组织游行。广场上常常设有宗教礼仪、祭祀、布道用的坪台、台阶或长廊。广场内布置的其他景观要素体现了宗教特点，小品、公共设施的选用和设计均与宗教风格相一致，体现出其整体性和完整性。

▲ 圣彼得广场可容纳50万人，广场正面是圣彼得大教堂，广场是罗马教廷举行大型宗教活动的地方

⑥休闲广场

休闲广场为人们提供了一个娱乐、活动、休憩、散步的公共空间，在其中能够让人们放松身心、释放压力，通过景观营造陶冶情操，体现地区景观品质和空间素质。休闲广场

▲ 法国圣艾蒂安城市休闲广场，住宅区边的林荫道安静，好客而友好。连续的公共空间、开放式的广场连接周围城市生活，使人可以在这里消磨一天的时光

设置区域相对灵活，可设置在城市中心、居住区，也可设置在校园等地。广场中心布置一定数量的台阶、座椅供人们休息，通过设置花坛、树荫、雕塑、水体等景观元素丰富广场，增加广场的观赏性和游玩性。

休闲广场的布局也较为灵活，可以划分为多个主题区域，又可整齐划一体现同一主题，景观设计要符合人们休憩、游玩的要求，满足人们的户外行为习惯和心理需求。

### （2）按园林风格分类

①自然式广场

自然式的广场布局多给人以清新、自然的感觉，在城市空间中即可体会大自然带来的

▼ 自然式广场景观要素相互交错，融为一体，具有中国园林的艺术美，景致优美，移步异景，耐人寻味

美感，广场中没有过多规则线条，造景手法大多借鉴中国传统园林，体现出师法自然的特点。这类广场在一定程度上难以与城市规划相协调，因此自然式广场多体现在道路周边、城市水域周围或城市郊区，成为人们度假的首选场地。

②规则式广场

规则式广场的布局已经成为城市广场规划多数采用的形式，符合城市建设的规律，能够体现城市整齐、有序的特点。规则式广场按照其组织形式可分为对称式和非对称式广场。对称式广场中突出中轴线，两侧景观对称布局；非对称式广场中轴线感不强，景观元素的表现具有整齐的特点，各部分设置力求均衡。

▲ 巴黎星形广场，古典主义广场代表，中轴线设计明显，象征着政治统治王权

▲ 广场中无明显对称布局，但是景观元素整齐、规则，是规则式广场的另一种表现形式

③混合式广场

混合式广场在城市中体现较多，布局手法将自然式和规则式相结合，既体现了整齐、有序，又不失活泼、自由，现代广场采取这种设计形式的情况相对较多。

## 3. 广场的发展史

### （1）欧洲城市广场的发展史

①古希腊时期

古希腊具有"西方文明摇篮"的美誉，古希腊文化对古罗马以及欧洲的影响都是十分巨大的，古希腊的雕塑和建筑等艺术十分繁荣，取得的成就很高，尤其是雕塑，其成就后世无可比拟。

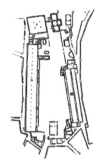

▲ 古希腊的阿索斯广场是一座型制较为成熟的梯形广场，两边有敞廊，空间较封闭。这些敞廊沿着广场的一面和两面，开间一致，形象完整，主要用于商业活动

史籍记载古希腊在公元前5世纪开始出现广场的雏形——集市广场，受当地气候条件和地理位置的影响，人们的户外活动较多，逐渐形成交往空间，这种集市市场是建筑围合形成的空间，是人们自发而成的场所，中央的雕塑形成主要景观；另一种广场雏形即是"圣林"，这对后期的

▲ 在早期，古希腊的民众在"圣林"中休息

宗教广场有很深的影响，圣林既是祭祀的场所，又是祭奠活动之余人们休憩活动的地方，比如雅典著名的阿波罗神庙、奥林匹克的宙斯神庙等。

▼ 西班牙 Indautxu 广场通过富有特色的设计语言，创造出属于个性十足的标志性景观，使其既适合社交活动，又适合散步、读书、静处

②古罗马时期

古罗马人善于从事城市建设规划，并且给后人留下了珍贵的建筑遗址。在古罗马时期，统治阶级为了显示其统治权力，表现在建筑本身上。罗马城在第一代皇帝奥古斯都的统治下进行了重新规划，降低了城市建筑密度，由内而外依次降低。在这一时期，城市广场也成为军权主义彰显政治力量和高度的窗口，将广场

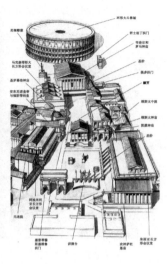

▲ 罗曼努姆广场是在共和时期陆续零散建造的，是完全开放式的，城市干道从它穿过，广场构成和布局鲜明地反映出罗马共和制的特色

空间尺度建设得更加宏大，并通过建筑、围廊等进行围合形成内部封闭空间，以显示政权的伟大。建筑群将广场空间围合，空间内突出广场的特点，借助于广场的重新规划建设，形成城市中规整、庄重、大尺度的公共空间。

在古罗马时期，集会广场在政治统治模式下得到了发展，并且数量逐渐增多，集会广场的扩充为日后城市广场提供了建设蓝本。集会广场在当时就具有一定的实用功能，比如社交、集会、展示等活动，同时也为当时民众提供了休闲、娱乐的场所，这些内容均与现代城市广场的功用如出一辙。自共和时代，这种集会广场得到了充分的发展，在当时十分盛行，最具代表性的是著名的共和广场和帝国广场。

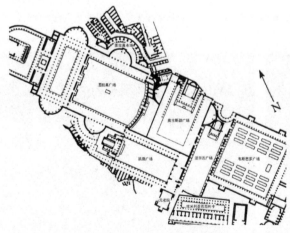

▲ 帝国广场清晰地表现出广场从公共活动场所变为皇帝的个人的纪念物，标志着古罗马从共和制转向帝制，从开放的变为封闭的，从自由布局变为轴线对称，并且以皇帝的官殿作为整个构图的中心

③中世纪时期

这一时期的城市建设沿承了前期的建筑文明，但是由于人们在宗教价值观上的转变，致使人们对社会建设产生了新的想法。在当时，教堂是控制城市格局的主要建筑，巨大的占地面积、目空一切的高度显示出教权在当时统治时期的地位。因此，当时的城市广场也大多是为进行各种宗教活动、举行各种宗教仪式设置的场地。与此同时，广场还具备城市举办一些其他活动的功能，比如市政活动、商业活动等。商业活动也是集市广场在中世纪时期继续延续的主要原因，主要在广场中进行贸易活动，具有显著的经济价值，也是重要的经济设施。因此，在当时的重要城市中，广场、市政建筑和教堂构成了城市建设的主要元素。这一时期的城市广场已经显示出"城市客厅"的功能，是民众进行政治活动和自由活动的重要场所，是经济活动的重心，更是最具生活气息的城市中心。

▲ 意大利锡耶纳坎波广场是城市的中心，封闭式布局，道路以教堂广场为中心散发

④文艺复兴和巴洛克时期

文艺复兴时期是欧洲发展史上重要的历史时期，倡导政治自由、平等，在艺术、绘画、建筑、文学等方面得到全面发展。在这一历史时期，人们不再受封建制度和教会的影响，摒弃统治专治，倡导思想自由和精神自由，鼓励人们积极创造。从 16 世纪开始，欧洲大陆全面进入文艺复兴时期，城市建设与改造规模空前，

▲ 意大利威尼斯圣马可广场采用柱廊形式，呈"L"形，空间围合完整，钟楼设置在广场转折处

▲ 圣彼得大教堂及其广场以集市广场为中心向外扩展而形成了城市的整体格局

充分发挥了建造师的能力。与此同时，广场的建设借鉴了几何学科的原理，运用了较多的几何造型结构。

城市广场在这个时期得到了很大发展，广场几何形式多元化，突出了空间的整体性，风格特征明显，打破了集市广场中封闭结构和王权控制的特征，而集合了更多的广场互动空间和广场组群。但是这种打破是逐渐进行的，文艺复兴早期，广场空间的围合性仍然较高，受中世纪传统影响，围合在广场周围的建筑比较自由，主题雕塑往往在广场的一侧。随着时代的发展，广场的布局逐渐规整，结合柱廊建筑造型，加大广场空间，雕塑已经改设置在广场中央。视觉效果和恢弘庄严是这一时期广场设计的主要特征，结合多学科原理打造空间，比如空间透视和比例法则，同时综合运用美学原理追求完美的广场平面形状、舒适的空间尺度和比例，设计手法娴熟巧妙，空间艺术完美成功，科学性、理论性明显得到了加强。

文艺复兴后期逐渐转变成为巴洛克风格，在巴洛克时期，城市广场与城市街道得到结合，在设计上开始联合考虑，广场作为一种独立的城市元素，不再依附于建筑，而是独立的城市空间，也可作为城市规划的空间节点。这时的广场往往在中央设立碑、雕塑或喷泉，作为广场的视觉焦点和中心。

⑤古典主义时期

这一时期以法国为代表，建立了君主专制，封建王权再次彰显其统治地位。因此，法国的城市建设和规划也充分体现了这种专制特征和风格，表现风格明显趋于对秩序的偏好，强烈地显示君主专制思想。法国的城市建设与广场建设将文艺复兴时期和巴洛克时期取得的成就沿承，并推向极致，并在此基础上更加注重秩序和逻辑，严密的理性在建筑表现上一览无遗。运用几何和数学的原理打造城市空间，轴线明显，对称结构得到充分发挥，强调空间的组织和协调，将巴黎的城市面貌焕然一新。广场在这一时期的建造也同样显著，纪念性广场多以颂扬君主统治为主题，造型规整、大气；同时开始将其他景观元素，比如植物、雕塑和小品等纳入广场建设中来，注重广场周围环境、景观要素和广场本身的整体性和统一性。

▲ 巴黎旺多姆广场强调古典主义风格，明确主从关系、追求和谐统一与有条不紊

追溯古典时期的法国城市广场不难看出，广场多是规则对称、中轴线凸显，空间宏大，理性感十足，完全体会不到广场空间的亲切感，这种广场充分体现当时至高无上的王权统治。广场已经不再是民众集会、自由活动和休憩、娱乐的空间，而是专制统治阶级显示其统治地位和功绩的场所。那个时期建造的广场，无论是空间形态还是广场元素，均是古典主义时期王朝统治的特征。

▲ 协和广场是法国最著名的广场，建造之初是为了向世人展示国王路易十五至高无上的皇权

⑥现代城市广场

18世纪下半叶，工业革命之后，世界迈进了第二次产业革命的发展时期，机器大工业代替了手工业工场，促进了人口向城市的集中和大城市的兴起。同时带来了负面影响，如建筑高度密集，城市建设趋向无序，汽车抢占广场空间，绿地减少，居住条件恶化，城市广场的发展也经历了一段漫长的低潮期。19世纪20年代的现代主义运动深刻地影响到城市规划建设，广场丧失了最初作为市民社会

▶ 伦敦公共广场内的雕塑、小品、水体等景观元素艺术感十足，受到来休闲娱乐人们的青睐

▲ 广场内的休闲空间、高低错落的植物划分空间、座椅的合理安置增加了私密感，为人们独处、倾谈提供场所

场所的起源意义，变成了无人性的空间，其对人的关怀和对城市生活的积极意义也未能体现。

现代城市广场的发展，在城市设计师们的建设中逐渐恢复生机，传统城市广场的政治色彩逐渐失去其意义。欧洲国家在充分考虑现代人的需求和活动的基础上，建设了大量的城市休闲广场，为市民不断提高的日常休闲需求提供活动场所，广场空间的性格也随之产生变化，自由、开放的空间取代了严格规整的几何形广场，绿化、水体、座椅、艺术小品以及游乐设施取代了帝王雕像和各种纪念物。广场的规模日趋减小，数量却不断增多，它们丧失了在城市空间结构中的主宰地位，但变得更具个性化、艺术性、人情化，亲和力更浓了。

## （2）中国城市广场的发展史

中国城市的发展与欧洲截然不同。中国的传统公共空间是街市，功能多为进行商品交易，根据《周礼》的记载："匠人营国，方九里，旁三门。国中九经九纬，经涂九轨，左祖右社，前朝后市"，广场只是一种外来的空间形式。因此，中国广场的大规模兴起几乎是在新中国成立以后受到了欧洲文化的影响才开始的。

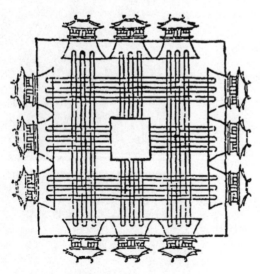

▲ 王城图《周礼·考工记》

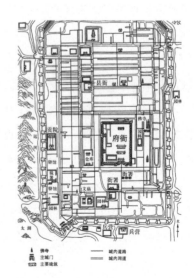

▲ 平江府城图

新中国成立后，中国城市规划在苏联专家指导下，建成的城市广场多是为政治集会服务的，如典型的天安门广场，以其宏大和壮阔向世人展示新中国成立后的面貌。但是这种广场不具有服务性，并非真正意义上的能容纳多种功能和社会生活的市民广场。它们也缺乏"公民""城市市民"的概念。

20世纪80年代以来兴建的广场，由于社会生活的重心转移，从以前单一的政治生活为中心，发展到多元的以商业活动、社会生活为中心，更多地考虑了人的需求。广场的空间格局从小尺度、封闭、半封闭发展成为大尺度、开敞的空间，气魄雄伟，满足了政治集会和展示的需要，民众也可在广场休憩、散步、游玩，从而使其成为真正意义上的城市广场。

▲ 深圳前海交易广场在满足商业需求之外，湖畔花园和道路的设计为更多的民众提供了户外空间

# 二

# 广场景观的设计原则

## 1. 以人为本的设计原则

以人为本设计广场景观，就是要充分认识到人在广场空间中主体地位与环境的双向互动关系，保证人与景观的融合协调，强调人的主题地位。因此，任何设计原则都应以人的需求为基础，创造良好的广场景观。

### （1）系统性原则

城市广场设计应该根据周边环境特征、城市区域现状和总体规划的要求，确定城市广场的主要性质和规模，统一规划、统一布局，使城市中的广场之间项目联系和融合，共同形成城市开放空间体系。

### （2）完整性原则

在进行城市广场设计时要体现功能和环境的整体性。明确广场的主要使用功能，并贯穿次要功能，主次分明，以确保其功能上的完整性。广场应该充分考虑它的环境历史背景、城市文化内涵、周边建筑风格等方面，以保证其设计的完整性。

### （3）生态性原则

现代城市广场设计应该以城市生态环境可持续发展为出发点。在设计中充分引入自然，再现自然，适应当地的生态条件，为市民提供各种活动而创造景观优美、绿化充分、环境宜人、健全高效的生态空间。

▲ 将自然形态的溪流、丛林和绿地融入其中，充分体现了广场的自然生态内涵，创造了具有特色的室外活动空间

◀ 合理的绿植搭配为现代都市人提供了优美惬意、充满自然的休闲环境

### （4）特色性原则

城市广场应突出人文特性和历史特性，通过特定的使用功能、场地条件、人文主题以及景观艺术处理塑造广场的鲜明特色。同时，继承城市当地本身的历史文脉，适应地方风情、民俗文化，突出地方建筑艺术特色，增强广场的凝聚力和城市旅游吸引力。其次，城市广场还应突出其地方自然特色，即适应当地的地形地貌和气温气候等。城市广场应强化地理特征，尽量采用富有地方特色的建筑艺术手法和建筑材料，体现地方园林景观特色，形成地域美，同时体现当地风土人情和特色景观。

▲ 该广场地处美国拉斯维加斯，环境极端，高温、沙尘、缺水，设计元素力求减轻极端环境所带来的不适感，创造出有趣的城市体验。标志性的遮阳结构、水景和抗旱树种使拉斯维加斯热的气候变得更为缓和，形成地域美

### （5）多样性原则

不同类型的广场都有一定的主导功能，但是现代城市广场的功能却向综合性和多样性衍生，满足不同类型的人群不同方面的行为、心理需要，具有艺术性、娱乐性、休闲性和纪念性兼收并蓄的特点，给人们提供了能满足不同需要的多样化的空间环境。

### （6）突出主题原则

围绕着主要功能，明确广场的主题，形成广场的特色和内聚力与外引力。因此，在城市广场规划设计中应力求突出城市广场塑造城市形象、满足人们多层次的活动需要与改善城市环境的三大功能，并体现时代特征、城市特色和广场主题。

▲ 德国亚琛班霍夫车站广场通过设计一个占主导地位的大椭圆形，解决了高交通流量产生的问题。覆盖在椭圆上的区别于广场铺装的"石头地毯"路可引导旅客从火车站的出口到达市中心，晚间这条路会被其边上的条状灯带照亮

## 2. 关注人在广场空间的心理行为

### （1）人在广场空间的心理需求

美国心理学家亚伯拉罕·马斯洛在1943年《人类激励理论》中把人的需求层次分为五个层面，第一层面是生理需求，第二层面是安全需求，第三层面是社交需要，第四层面是尊重需求，第五层面是自我实现需求。这种需求层面同样适用于人们在室外公共空间中的状态。

人们在公共空间中，存在着复杂的双向关系，人的行为受到环境的影响，人的心理映射直接导致人的行为。在广场空间中，第一个层面要满足生理需求，即人体本身所需的基本要求，空间的营造是否便捷、舒适是人在空间中最基本的需求；第二个层面是安全需求，即人在广场空间中能否保证不受到威胁和伤害，这就需要公共设施和区域划分的合理性，使人们在空间中的活动不受到伤害，精神放松；第三个层面是社交需求，即人们在广场空间中能够流畅、自由地进行相互沟通和交往，分享喜悦和悲伤，实现情感寄托；第四个层面是

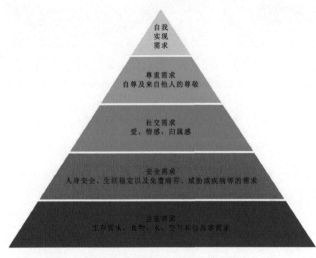

▲ 人类需求的五个层面（亚伯拉罕·马斯洛1943）

▲ 展示的需求

▲ 互不干扰的需求

▲ 独处的需求

▲ 群聚的需求

尊重需求，即人们在广场空间中能够不相互打扰和干扰，有自己的空间，同时在交往、沟通时又能彼此重视，不存在冒犯；第五个层面是自我实现需求，在公共空间中，人们需要重视，能够创造自己的价值，这是人的最高追求，也是公共空间交往的最高需求。

### （2）领域性

人们在公共空间从事各种活动时，是个人行为和公共行为的协调和统一，行为反映了人们的生理、心理需求。广场在设计规划之时，要充分考虑领域性，积极引导人们的行为，使人们的行为在广场领域内能够自由开展。任何人的行为均具有私密性和

▶ 广场的设计考虑了人们领域性的心理需求，将休息设施分散或隐蔽设置，保证人们沟通的私密性

公共性，只有在环境安全的条件下才能展开活动，所以在设计时要充分考虑到广场的空间层次、人们行为的多样性及广场的性质，创造出有"人性化"的广场。

## （3）人际距离

在公共空间交往中，人与人之间的距离代表着人际关系的远近。关系越亲密，距离越近；反之距离越远。公共空间的设计要满足各种人际关系的交流与沟通，使人们在其中正确开展人际交往。一般情况下，代表各种不同人际关系的距离如下。

- 密切距离：两人的距离为 0 ~ 45cm，这种距离的接触仅限于最亲密的人之间，适合两人之间说悄悄话，安慰和抚触，如情侣、夫妻和亲人之间的接触。
- 个人距离：两人距离为 76 ~ 122cm，与个人空间范畴基本吻合，人与人之间处于该距离范围内，谈话声音适中，可以看到对方脸上的表情，也可以避免相互之间不必要的身体接触，多见熟人之间的谈话，如朋友、师生等。
- 社交距离：范围为 122 ~ 214cm，在这个距离范围内，可以观察到对方全身及周围的环境。据观察发现，在广场上人比较多的情况下，人们在广场的座椅休息，相互之间至少保持这一距离，若小于这个距离，人们宁愿站立，以免个人空间受到干扰。这一距离被认为是正常工作和社交的范围。
- 公共距离：指 366 ~ 762cm 或更远的距离，这一距离被认为是公众人物（如演员、政治家）在舞台上与台下观众之间的交流范围，观赏人群可以随意逗留，也方便离去。

## （4）时间性

①自然要素

自然要素是指时间、季节、气候、日出日落、天光云影等方面。

首先时间代表推进，不可逆转，环境随时间带给人的感受分为两种，一种是人在静态观赏过程中，广场一天 24 小时的光影变化给空间景观效果带来的影响；另一种是人通过身体移动，形成的"移步异景"的效果。

其次，季节的变化对人们在公共空间的影响很大，春季当室外温

◀ 日落后的广场景观

度达到 12℃时，人们的户外活动增加，当超过 26℃时，人们易选择有遮阴效果的场所庇荫。

再次，气候的变化也会影响人们在室外活动，南方高温潮湿地区的广场应该充分考虑通风，以缓解人们潮湿闷热的感觉；而空气干燥地区，应通过设置屏障减缓空气流动的速度，避免带走更多的水分。同时，风速的快慢也会影响广场人们活动的情况，风速越快，越不利于人们从事户外活动；风速越小，越有利于人们户外活动，而在炎热的夏季，反倒是微风会给人带来清凉的感觉。

▲ 季节、天气要素带给人们的感受影响户外活动

日出日落、天光云影等气象变化会给广场空间带来多样的景观效果，促进人们在广场的互动性，丰富广场的景观效果。

②人文要素

城市广场的视觉效果反映城市历史文脉，能够通过一些视觉信息反映出历史沉淀，使景观效果具有深层次的含义；同时，广场应该展现城市区域特点，将独具特色的人文展示出来，充分理解和体验城市公共环境；此外，广场也应体现城市发展的前景，通过公共设施设计，来解读城市的活力和魅力。城市是人类文明的结晶，是人类文化的荟萃之地。城市广场

▼ 美国 San Jacinto 历史广场，将当地的历史文化和现代商业充分结合，设计出富有特色的人文景观

▲ 镇江金山湖佛教广场中的建筑、雕塑、小品等景观要素体现其宗教特点

▲ 旱喷泉在寒冷的冬季也能够保证广场美观

▲ 植物多选择落叶类植物，夏季遮阳，冬季阳光透射到广场空间的人群之中，增加户外舒适度

在设计中，要尊重传统、延续历史、继承文脉，同时也要反映历史长河中"今天"的特征，有所创新，有所发展，实现真正意义上的历史延续和文脉相传。

## 3. 彰显地域文化

地方特色主要包含两方面：一方面是社会特色，另一方面是自然特色。首先城市广场设计要重视社会特色，将当地的历史文化（如历史、传统、宗教、神话、民俗、风情等）融入到广场设计构思当中，以适应当地的风土民情，凸显城市的个性，避免千城一面、似曾相识的感觉，区别于其他城市的广场，增强城市的凝聚力和城市旅游吸引力，给人们留下鲜明的印象。

其次自然特色也是不可忽视的，要尽量适应当地的地形、地貌和气温、气候。进行设计时，要考虑该城市的地形地貌特征，利用原有的自然景观、树木、地势的高低起伏考虑广场的布局和形式，将广场巧妙地融入城市周围的环境中。在设计广场时，应注意不同地区的气候，如北方冬季寒冷，日照时间短，选择树种要选择耐寒冷的短日照植物，广场座椅面应尽量以木材为主；适当采用喷水池，面积不宜过大，应结合考虑冬天滴水成冰的现象，避免冬季景观表象单一的情况。

# 广场景观的设计要素

## 1. 广场绿化

植物绿化作为广场的一种元素要追溯到欧洲古典园林，植物大面积种植，但是植物与人们的互动性较少，单一作为观赏之用，人们的活动受到局限，这样的植物景观只适合观赏广场或市政广场等。在现代广场设计中，植物作为一种重要的设计元素被充分利用，广场绿地面积逐渐增加，成为城市广场重要空间设计元素。

广场植物景观能够改善小气候，形成健康宜人的生态气候，使人在城市中亲近自然，植物本身的色彩和四季变化给广场景观增加了艺术效果。通过修剪和组织植物，与广场其他要素形成统一整体，提升广场的人文气息和功能含义。

植物作为广场中的软质元素，能够降低周边高大建筑物带来的压迫感，与广场中雕塑、喷泉、铺装等硬质元素均衡协调，同时植物组团的边际线和林冠线能够柔化硬质元素生硬的线条，使景观效果更加随意、自由。

植物还可以营造空间，能够把握广场空间的尺度和空间，利用植物可以进行空间划分、引导和遮阴。可利用高大乔木对广场边界进行围合，还可利用小乔木、花灌木对广场内空间

▲ 竹子、花卉和树木形成了浓郁的人文气息，达到步移景异的艺术效果，让人们在行走间领略中式造景的精华

▲ 美国 ElPaso 历史广场中的组团绿地，植物配置富有地域特色，又展现出年代感，与广场主题呼应

进行划分，根据植物配置的高矮大小，形成各式各样的封闭空间和开放空间。在组团景观中，利用植物层次和种类形成高矮错落的组合景观。

同时，根据各地区的气候条件合理配置植物，比如北方地区的广场适宜种植高大落叶乔木，夏季形成树荫可以起到遮阳的效果，冬季叶片脱落，阳光透过枝条，使人们在冬季感受到阳光的温度。

## 2. 广场水体

水被人们誉为"生命之源"，广场中的植物和水体构成了广场的生命力，使广场在空间和时间上更具有变化。人们需要水，就像人们需要食物、阳光一样，所以在公共空间中设置水体也是十分必要的。人类从古至今就对水有强烈的偏好，只要一有机会就会亲水、近水、戏水，在广场中可将水体设置得与人们有更多的亲和性，产生互动，比如浅水池或喷泉。

水的状态又给人不同的心理感受：静态的水给人宁静、安详、轻松、温暖的感觉，动态的水给人欢快、兴奋、激昂的感觉。在广场中常常可以见到不同形态的水体带给人们不同的心理感受和行为习惯，静态的水旁的人们喜欢低声交谈、看书、思考，动态的水体与人们的互动性强，气氛也比较热烈，给空间带来勃勃生机。可以看出，水体形式的体现可以影响广场的氛围，因此，不同功能的广场要根据实际情况合理配置水体的形式。

▲ 人们具有亲水性，成功的广场水体设计都十分重视人与水的互动性

同样的，城市广场的水元素不但可以活跃广场的气氛，还可以丰富广场的空间层次，通过水体的营造，在竖向空间上使景观层次更加丰富，同时还可以规划空间，起到分割空间的作用；在平面布局上，除了一定面积的水体，还可在广场中设置"小溪流"，合理规划"小溪流"硬质边界，具有引导空间、增加游玩趣味性的效果。

水体是城市广场设计元素中最具吸引力的一种，它极具可塑性，并有可静止、可活动、可发音、可映射周围景物的特性。水体通过落差可制造响声，形成响声景观；还可以利用静水映射周围建筑和公共设置，别有一番精致。合理运用水体可使广场空间更加生动，具有韵律。

## 3. 广场铺装

铺装是城市广场设计中的一个重点，广场铺地具有功能性和装饰性的双重意义，一个好的广场铺装能够指导布局，起到引导的作用，同时又能使广场更具有艺术美感，观赏性更强。

首先，在功能上可以为人们提供舒适耐用的广场路面，充分考虑人在步行过程中脚底的舒适度和耐受度，必要的话在局部地面可铺设带有一定弹力的塑胶铺装；同时要考虑铺装的承载力，分析广场地面是否有机动车停留或通过，铺装的承载力要根据交通种类进行合理研究；铺装的材质要符合气候环境，一是保证铺装的使用周期，二是要保证人们在铺装上的安全性，比如在北方广场铺设大理石是不合适的选择，因为冬季雨雪期，道路湿滑，会造成人们摔跤；要充分利用铺装材质的图案和色彩组合，通过不同的铺设方式，界定空间的范围，为人们提供休息、观赏、活动等多种空间环境，并起到方向暗示与引导的作用。

▲ 广场中的铺装图案限定空间，暗示人们的行走路线和区域划分

其次是装饰性，利用不同色彩、纹理和质地的材料巧妙组合，可以表现出不同的风格和意义，利用二维构成的基本原理，调节视觉效果，增加广场空间的整体感和节奏感。通过调节铺装的质地营造空间效果，比如铺装表面越细腻，广场空间越显得宽阔，反之就显得狭小。

广场铺装的布局要具有统一性，即风格统一、样式统一。

▲ 广场铺装的样式变换多样，对道路起到规划和布置的作用，同时能够组织人群的行为

广场铺装图案常见的有规则式和自由式。规则式有同心圆和方格网等组织形式，给人以稳定感，常见的铺装地砖形状有矩形、方形、六边形、圆形、多边形等，广场铺装往往通过不同形式的铺设方式来强调特色。

## 4. 广场小品

小品被誉为"城市家具"，是广场设计中的活跃元素，它除了起到活跃广场空间的作用外，更主要的是，它是城市广场设计中的有机组成部分，虽然小品不是广场中的必要组成部分，但一旦成为广场的构成部分，尤其是功能性的小品往往对广场的空间景观有着主导作用，所以广场小品设计的好坏显得尤为重要。

城市广场的小品应在满足人们使用功能的前提下满足人们的审美需求，首先小品设计应与整体空间相协调，从它的造型、位置、尺度、色彩等方面要与广场整体设计相一致；

▲ 广场中形式多变的小品造型

▲ 广场中形式多变的小品造型（续）

同时要有醒目的外观，能够在广场中凸显，但不要突兀；小品要多体现生活的趣味性，亲切、耐观赏；小品的数量不宜过多，体量要适中。

广场小品往往散布在空间内或边界，能够起到组织空间的作用，将空间划分成不同区域，调节空间尺度；小品能赋予广场特殊的象征意义，建立自身的特点，如广场中的雕塑，代表着地域文化和政治风气，艺术品呈现出多元化的特征。

小品大体可以分为两大类，一种是以功能为主的小品，比如座椅、凉亭、时钟、电话厅、公厕、售货亭、垃圾箱、路灯等；另一种是以观赏为主的小品，比如雕塑、花坛、花架、喷泉、瀑布等。可以利用广场小品的色彩、质感、肌理、尺度、造型的特点，结合成功的布局，创作出空间层次分明，色彩丰富具有吸引力的广场空间。

▲ 带照明的座椅　　　　　▲ 粉红色的座椅，甜蜜舒适

▲ 充满趣味性的栏杆扶手

▲ 象棋主题广场标志性的路灯

◀ 清莱中央广场中的花坛、立体等小品将广场装扮一新

▲ 广场休闲空间中的错层通道空间

▲ 广场中纪念雕塑

# 四 广场景观的设计流程及表现方法

## 1. 下达任务

### （1）接受任务，拟定任务书

接受广场设计项目，确定项目任务要求，确定设计组成员，根据成员技术特点明确分工。分析广场项目的设计任务量，根据甲方的要求拟定设计工作进度表。

### （2）实地勘测

在接受任务之后，要对项目的基础图纸进行解读，并且要对项目所在地理位置进行实地勘测，这对能够准确把握现场情况，使项目设计顺利进行是十分必要的。实地勘测的主要内容有以下几个方面。

- 场地形态：了解项目的具体位置，明确场地的空间尺度，对场地的地形做详细记录，尤其是竖向变化；同时对现有周边的建筑体量、风格等情况做明确记录。
- 景观资源的分析：对现有的自然景观进行调研分析，包括场地的基础地貌、水体现状、现有的乡土植物品种以及周边可借景的其他景观元素等。
- 交通、区域分析：场地现有的交通流线情，针对勘测情况分析出入口，并对现有区域场地进行分析，确定可利用的广场等。
- 历史、人文景观分析：了解周边建筑的建造风格、场地整体的布局；考察场地的历史文脉、地方特色、风土人情和民俗习惯，包括周边居民的结构组成等情况。

## 2. 概念设计阶段

在进行项目初步准备和了解的情况下，进入概念设计阶段。在这个阶段中，要对项目提出整体设计主题，提出平面布局的初步想法，对重点局部区域的设计确定初步方案。在概念设计阶段，是对项目提出整体设计构思，需要结合收集到的一手资料和整个设计团队的多次沟通和讨论不断形成的想法，在这个过程中，需要运用到多方面的设计知识，是对设计团队综合能力的一次考验。

设计团队在构思中，要利用手绘能力，将头脑中的设计想法及时反映出来，通过初期的设计手稿进行讨论，在沟通中产生创意，确定设计想法。

设计构思不是在设计之初就必须完成的工作，它是随着项目的进行贯穿在整个设计之中，随着团队设计思想的更新和迸发，方案也要跟着进行不断调整、修改，直到设计方案全部完成。设计构思的形成不是一个人就能完成的，需要团队形成统一有效的想法，因此团队要经常交流、沟通设计想法。

## （1）主题的选择和营造方法

主题是项目设计的中心思想，是为达到某种目的而表达的基本概念，是设计项目诉求的核心。主题是项目设计的线索和脉络，所有的设计活动都围绕着主题进行。主题很大程度上影响着作品的格调和价值。

明确主题是设计工作的先导，一个成功的设计必须有准确的设计思想和明确的设计方向。明确主题后，就可以根据主题进行创意构思，构思是否机智巧妙、是否有文化内涵都影响着景观作品的优劣。

①主题可以对具体的事物进行抽象和提炼

意大利的特洛佩亚城拥有美丽的海景，水产丰富，该城的广场设计主题为海星。

▲ 广场有向周围发散的街道，就像是海星的触手。设计师模拟海星表面的肌理和突起，设计了广场上的座椅和圆形绿植

▲ 白天，这里的圆形绿植是整个广场的焦点。晚上，独特的LED灯将广场装点得分外美丽，海星的轮廓被凸显出来

▲ 设计师将海星定位为项目的主题，并对海星的资料进行收集、对比、挑选

②主题可以利用体验进行营造

日本东京某码头的广场，是以海浪为主题的广场。

▲ 设计师利用了海浪带给人的体验设计了整个广场，时而起伏平缓，时而起伏急促，形象地体现了滨水广场的特性。地势的微妙变化给人们带来了奇妙新颖的心理和视觉感受

### （2）广场风格的确立

广场风格不能随心所欲地确立，而是要与周边的建筑风格相统一。如：北京大学的入口广场和中心广场就是根据周边的建筑——古色古香的中式建筑，确立了"虽由人作，宛若天开"的中式园林的风格。

再如：班固里恩大学美术馆是个具有现代风格的建筑。美术馆前的广场也是采用了直线构成的现代风格，与建筑风格相统一。

▲ 北京大学的西校门

▲ 北京大学的未名湖景观

▲ 班固里恩大学美术馆建筑的造型是硬朗的直线条，特别是窗的整体感觉和广场平面布局的处理手法非常一致，风格统一

## 3. 方案设计阶段

方案设计阶段是在概念设计的基础上，项目进一步推敲，并进行深化设计的重要阶段。运用更加具体、详细的方法，通过各种图纸清晰反映设计想法。在这个阶段中，设计团队要实现设计交流，将彼此的设计想法通过规范的图纸（包括图例、文字）向客户进行解释说明。同时，在设计过程中，要严格遵守我国关于公共区域以及配套设施设计和制图的规范。

### （1）设计阶段的第一步——功能图解的绘制

在了解业主和基地两方面情况之后，将业主的需求和期望与基地现状分析制定出设计任务书。景观设计师就可以开始设计了，首先要做一个功能图解，将书面的设计任务书内容同具体的基地条件有效地联系起来。功能图解是设计阶段的第一个步骤。

功能图解是一种随手勾画的草图，它用许多气泡和图解符号形象地表示出设计任务书中要求的各元素之间以及基地现状之间的关系。功能图解的目的就是要以功能为基础做一个粗线条的、概念性的布局设计。它们的作用与书面的简要报告相似，就是要为设计提供

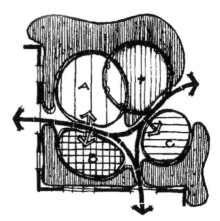

▶ 某建筑物外部休闲空间的功能图解（部分）
A：谈话空间
B：安静的休息空间
C：日光浴空间
功能图解是一种随手勾画的草图，它用许多像 A、B、C 那样的气泡和图解符号形象地表示出设计任务书中要求的各元素之间以及基地现状之间的关系

一个组织结构，功能图解是后续设计过程的基础。

功能图解研究的是与功能和总体设计布局相关的多种要素，在此阶段，先不考虑具体外形和审美方面的因素，因为这些都是后续设计才考虑的问题。

进行功能图解，有助于设计师建立一个正确的功能分区，并且保持一个宏观的思考，能够帮助设计者快速地表达设计思路，同时对方案进行多方面的研究，探讨多种方案，并完成适合的概念设计。

在功能图解的过程中，设计师要使用徒手的图解符号对任务书中的所有空间和元素进行第一次定位。当功能图解完成时，任务书中每个元素的位置就确定了。与这个阶段相关的设计因素如下。

①大小

在勾画功能图解之前，设计师应该清楚设计中各空间和元素的大概尺寸。每个内容都必须使用与底图一致的比例，按其大致的尺寸及比例用徒手绘制的"泡泡图"表示。按照比例绘制的泡泡图，设计师才能清楚地看到各个功能空间占据了总平面中的多大面积。

②位置

确定了各个空间和元素的大小之后，需要将符号布置到图面上去。设计师根据基地空间和元素的关系将各个元素空间布置在图面上。此外，图框的位置还可以表达广场中各个分区之间的功能关系，比如停车场要靠近入口的位置，适合靠边设置。

③比例

绘制功能图解时，需要考虑的另一个因素就是比例。室外空间的比例是指长与宽之间的相对关系。每个室外空间要根据实际的用途改变它的比例，空间可以是等比的，也可以是不等比的。因此，功能图解中表示空间的泡泡不一定是"圆"形的。

a.等比例平面

长和宽大概相等的空间。

图解                         根据图解绘制的平面

◀ 这样的空间缺乏方向性，因而适于储藏、停留或者是聚集。当基地中有适当的围合时，等比例平面的空间有一种向心力，有助于人们坐下来交谈

**b. 不等比例平面**

不等比例平面是指长大于宽的空间，这种空间很像建筑内部的走廊，能够暗示出人的运动。长而闭合的空间在景观设计中也可用于指向其端点处的景观。不等比例平面的空间尽管适合作为流线空间，但却不适于作为聚集空间。

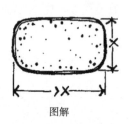

图解                         根据图解绘制的平面

▲ 不等比例的空间像走廊一样暗示出流动性

**④轮廓配置**

轮廓是指一个空间的总体形状。空间的外形可以是简单的、L 形的或者是更复杂的。轮廓配置和比例相近，也是对空间属性的概括，但是比比例更为细致。

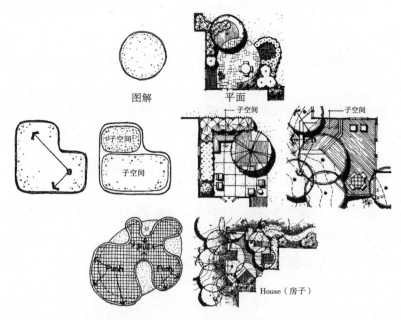

图解             平面

House（房子）

▲ 但是，轮廓配置并不是指一个空间的具体形式，不是指一个区域是否是圆的、方的或者是角形的

⑤边界

石墙、木篱和密植的常绿树木等不可看穿的物体，使用实体边缘的图例，表示完全隔离。

木格栅、透光塑料板或疏叶型绿化等可以部分看穿的物体，使用半透明边缘图例。这种边界既保持围合感，同时也有一定的通透性。

透明玻璃墙等透明物体或者什么都不设置，使用透明的边缘图例，表示视线的完全开敞，毫无遮拦。

实体的边缘　　半透明的边缘　　透明的边缘

▲ 空间边缘的透明度的图例

⑥流线

流线的图例，主要流线是指人们使用的频率较高，次要流线指人们使用的频率较低。

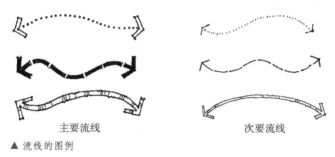

主要流线　　　　　　次要流线

▲ 流线的图例

流线关注的是沿着空间基本运动线路的各个空间的出入点。入口和出口的位置可以在图解中用简单的箭头标出。除了出入口，设计师还需探讨并确定穿过空间的最主要运动线路，以规划出一条连续的流线。这一步应该只针对主要的运动路线，而不是每一条可能的运动路径。

考虑流线的过程中，设计师应该研究流线的不同可能性，并确定何者与空间的功能最吻合。流线有以下几种可能，流线从空间中穿过、流线从空间边缘穿过、流线在空间中拐角、流线蜿蜒穿过空间。

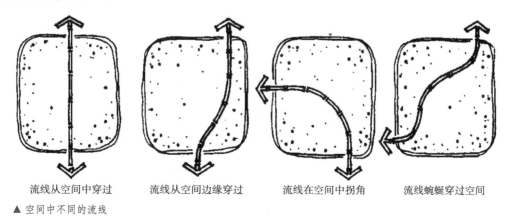

流线从空间中穿过　　流线从空间边缘穿过　　流线在空间中拐角　　流线蜿蜒穿过空间

▲ 空间中不同的流线

⑦视线和聚焦点

视线是功能图解中应该研究的一个重要因素，人从空间的一个区域或特定的点能看到什么或者看不到什么，对于整个设计的组织和体验很重要。视线分为全景视线、焦点视线、屏蔽视线。

全景视线，这种视线视野范围很宽，通常强调离观者有一定距离的一个景点。这是一个四面开散的视线，如一个可以看见远山的视线等。

焦点视线是指视线聚焦在一个特定的景点上，如一棵独一无二的大树等。

屏蔽视线，这种视线是人们不希望看到的应该屏蔽的视线，可以使用高大植物、墙体等来遮挡不良视线。

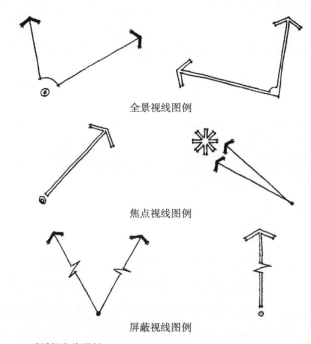

全景视线图例

焦点视线图例

屏蔽视线图例

▲ 不同视线的图例

聚焦点指的是环境中比较突出的视觉元素，如一件精美的雕塑、清新的水景、一颗美丽的大树等。

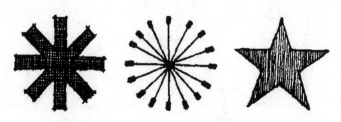

▲ 聚焦点的图例

### （2）设计过程的第二步——初步设计

设计过程的第二个步骤——初步设计，是把松散的功能图解的徒手圈和图解符号转变为有着大致形状和特定意义的室外空间。最终成果是一张补充了以半写实手法绘制各种设计元素的剖面、立面和透视的说明性基地平面草图，可以用来给客户寻求意见、说明性的初步方案。初步设计有三个重要方面要同时考虑，以此来创作初步设计。它们是设计原则、形式构成、空间构成。

①设计原则

设计原则是帮助设计师创作令人满意的设计方案的美学准则，它帮助设计师形成对整体设计布局以及像植物材料、墙体、铺筑地面图案的设计元素组成的美学评价。有三个设计原则：秩序、统一和韵律。秩序是设计的整个框架或形象结构。统一是设计中各个元素之间的视觉关系。韵律则是时间与和运动等因素有关联。当在准备进行初步设计时要同时考虑这三个设计原则。

②形式构成

初步设计另一个关键的方面是形式构成。这个步骤为在功能图解阶段形成的所有空间和元素建立具体的形状。例如，在功能图解中一个代表室外起居空间的圆圈儿，现在被给予了一个可能由一系列具体形状组成的确切的图形。同样，草坪区的边界演化成一条明确的线，如一条迷人的曲线。这种形式的发展建立了一个形象主旋律，它为设计提供了具体的总体感觉。在形式构成中，设计师需要考虑功能图解的布局，同时还要考虑形式的外观及几何形状。

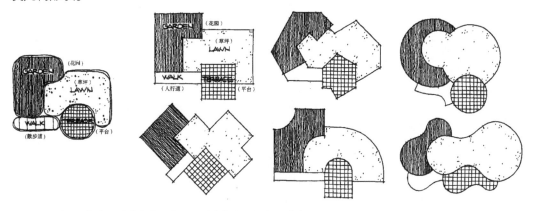

▲ 显示了同一图解中，功能泡泡图和不同形式构成之间的图形对比

形式构成是设计过程中的关键性步骤，因为它直接影响着这个空间的美观。常用的几种形式构成有矩形、圆、曲线、斜线等。

▲ 以矩形作为形式构成的广场图例

### a. 矩形

在使用矩形时，可以通过考虑矩形的大小、形式比例、各种形式之间的叠加进行变形。它可以通过矩形的重复、叠加、相加、相减而成为新的图形。在方案设计中，人们常用填格法，即在矩形方格的基础上，确定需要的方格，保证矩形的识别性。

由于矩形长宽变化灵活，矩形主题适合布置在任何基地上，即便基地比较狭长的区域，矩形主题也依然适用。

### b. 圆形

圆是完美的图形，被许多设计师喜爱，圆在广场设计中被大量使用。

- 同心圆：圆心出发绘制不同半径的圆，加强圆心的集中作用。

- 相减：圆形通过与其他形状相减，形成不同形状。

- 叠加：绘制多个大小不一的圆形，通过叠加形成图形。

- 相加：几个大小不一的圆可以并列放在一起，形成大小不一的圆形图案，如草坪上的汀步。

### c. 曲线

曲线是沿着一个方向连续变化所形成的线。

▲ 曲线形式优美，线条流畅，常会被用来设计成水体、柔美的小路等

▲ 曲线也能打破直线、矩形的僵硬和呆板，调整空间的节奏感和韵律感

### d. 斜线

斜线主题通常用于设计目标位规则式的区域中，斜线一般在 30°、45° 和 60° 处。

▲ 斜线有利于破除矩形基地的局促感

### ③空间构成

为了形成三维的室外空间，设计师利用斜坡、植物、墙体、围栏以及架空构筑物来作为空间围合的 3 个面。空间构成必须考虑其高度和体积与各种设计元素之间的关系，以形成一个实用美观的设计。

综合来看，在这个阶段，根据客户的要求，可能会对某区域进行重新设计，也可能对某些细节进行完善设计，更可能对某些区域进行补充细节设计，这些都是在与客户沟通后常常发生的情况。因此，这一阶段要求设计团队运用功能图解，表现广场形式构成，并基本完成方案设计。这一阶段要绘制的图纸有：总平面图、鸟瞰图、景观设计分析图、重点区域的立剖面图以及透视效果图等。

## 4. 扩初设计阶段

扩初设计阶段是方案设计阶段的深化，扩初设计要比方案设计更加详细，基本接近施工图的深度，在这个过程中，由设计师对广场细节进一步推敲和考量。扩初设计要表达出广场内各景观要素的平、立、剖结构，并标注出大致的尺寸、景观材料和颜色等信息，在这一阶段广场内部的景观基本确定，并能够表达出效果。

扩初设计的设计内容要与客户进行汇报，客户会对一些具体设计细节提出详细的要求，比如铺装的样式、小品的布置等，设计师要根据这些做出进一步调整。

扩初设计主要包括铺装、水体、道路、小品、植物等广场元素，并使用规范的标准方法进行标注，必要的话使用文字进行解释。结合合适的表现方法将扩初图纸表现出来，常用的表现方法有：手绘、CAD、3Dmax、SketchUp 及 Photoshop 等。

## 5. 施工图阶段

施工图阶段是在扩初设计基础上，对图纸进行工艺和材料方面的细化，通过绘制广场景观局部详图，完成一套能够指导施工人员进行项目现场施工的图纸。施工图纸内容详细、要求具体，是项目施工、验收、后期维护与维修的依据，也是进行项目造价、技术管理的重要文件。

编制一套完整的广场景观施工图需要涵盖三大方面：第一是项目设计书，第二是图纸展示，第三是文字说明。其中，图纸主要包括：总平面图、总鸟瞰图、铺装平面图、景观设计分析图、局部景观效果图、景观小品的平立剖，主要景观的节点详图以及施工详图等。

## 6. 项目评价标准

项目评价主要依据景观行业在进行广场景观设计时需要具备的专业能力和素养，结合实训教学的实际，从设计考察、工作技能、职业素养等三方面提出项目评价标准。

### （1）设计考察

对优秀的实地广场设计案例进行考察，要求学生能够在考察过程中把握考察广场的主题、风格，理解广场景观要素的表现，对空间表达能够有自己的见解；同时具备收集资料和整理材料的能力，能够从大量案例资料中理清脉络，并且对案例的表达有自己的品评。

### （2）工作技能

首先，通过实地勘测获取给定项目实地情况的信息，从场地形态、景观资源、交通和区域、历史和人文景观等几个方面进行考察分析，结合实地情况及客户要求进行初步设计，通过多次调整设计出具有一定创意水平、布局合理并且符合使用功能要求的广场景观。

其次，在设计过程中要合理运用设计表现方式，手绘与软件制图相结合，设计图纸要符合国家规范，项目图纸包括总平面图、总鸟瞰图、铺装平面图、景观设计分析图、局部景观效果图、景观小品的平立剖，主要景观的节点详图以及施工详图等，并整理完成方案设计文本文件。

最后，设计小组成员要通过答辩环节表达出设计理念和设计想法，并提出项目可实施的可能性。答辩过程要表达流畅、语言生动、思维清晰、逻辑性强。

### （3）职业素养

根据行业实际情况，对学生在设计过程中需要具备的职业素养提出具体要求：第一，要具有沟通协作能力，在设计过程中能够沟通彼此的设计想法，寻求到合理的设计脉络；第二，要明确团队分工，根据项目阶段要求和成员的特长特点，做到分工明确、责任到人；第三，团队要严肃工作态度，根据项目设计的进度要求合理安排；第四，团队中要有明确的项目管理人员，负责把握设计方案的总体实施，具备一定的协调能力，把控进度和方案的制定；第五，要保证项目实训课程的出勤。

# 广场景观设计项目
# 实训篇

　　实训篇列举了 4 种不同类型的广场景观设计项目，详细讲解设计流程，在每个项目当中涵盖了相关的知识点。每个项目都包括项目目标、项目分析、项目知识点和项目实施，最后提出项目的评价标准、项目总结以及课外拓展性任务。每个项目的实施都会逐图讲解和分析设计思路、方法，以便加深学生对广场景观设计流程的理解，对不同类型广场景观设计知识点的融会贯通。

# 校园广场景观设计

校园广场是由建筑、道路、绿化、地形等组合，及多种软硬质景观构成的，交通方式以采用步行为主，具有一定主题思想与规模的结点型校园户外活动空间，是校内师生学习、聚会交往、观赏游乐的重要公共场所，同时也是构成校园整体景观的重要因素之一。

校园广场以空间形式与周围的建筑物和环境融合，成为有机的统一整体，它以不同的姿态、功能和形式存在于校园中，如入口广场、中心广场、休闲广场等。它以其独具特色的空间形式影响着周围环境，成为校园内自然与人文景观的表现场所，发挥着校园"起居室"的作用。随着我国教育事业的蓬勃发展，"环境育人"的观念已深入人心。研究校园广场的设计方法，发掘其"起居室"的功能内涵，对于育人环境质量的提升具有深远意义。

## 项目目标

本次项目为某艺术学院教学楼前广场，面积约为 7000m²，项目地点位于沈阳市，本方案要求能够体现艺术学院的风采，打造一个舒适实用、具有文化内涵的校园活动空间。

要求在规定时间内完成艺术学院教学楼前广场的景观设计，具体包括以下内容。

- 校园广场景观设计方案文本一套，A4 大小。
- 要求制图规范，手绘表现与电脑表现等多种表现方式相结合，制作精美。
- 具体图纸内容包括总平面图、局部放大图、分析图、立面图、效果图、节点图，并撰写设计说明书。
- 设计方案要体现创意水平，布局合理，符合功能要求。
- 通过答辩阐述设计理念和创意角度，表达流畅、语言生动、思维清晰、逻辑性强。

## 项目分析

通过本次项目的训练，要能够掌握校园广场景观设计的流程，了解不同阶段中需要完成的设计内容；特别是要对校园内向型广场景观要素的设计进行充分的理解和推敲，校园广场的设计要体现出校园文化和内涵也是本次项目训练的重点和难点；同时希望同学们提高阅读量，开阔眼界，拓宽设计思维。

## 相关知识

### 1. 校园广场的分类

大学校园的总体规划及学校规模不尽相同，校园广场的形式、大小及数量也因此各异。根据校园广场所处的位置、提供的功能及对高校教育与社会生活所起的不同作用，广场可以分为外向型广场和内向型广场。

### （1）外向型校园广场

主要是指除了面向校内师生，还具有对外接待、办公联络的功能的广场，主要有校前广场和行政广场等。

①校前广场

校前广场既联系城市道路，与校园的主出入口紧密结合，又联系城市与校园内部的道路，是城市空间向校园空间的转换。

▲ 校前广场

▲ 行政广场

②行政广场

行政广场为行政办公楼前的广场。行政办公楼是兼顾对内对外功能的建筑，校外、校内人员都可到此办事，许多公务来往、对外接待、交流都会在行政楼中进行。行政大楼往往会放在出入口附近，以便其对外联系。

### （2）内向型校园广场

主要是指供校内师生使用的广场。按照广场在校园所处的位置和服务的对象与功能，可细分为校园中心广场、教学区小广场、生活区小广场和小型节点广场。

①校园中心广场

无论哪所大学，都会以不同的形式形成自己的中心广场空间，在这里举行重要的庆典、演出、展示活动。国外的大学一般都有各自的中心广场。在我国，根据建校的背景和时期的不同，面积较大的中心广场更多地出现在新建或扩建的校区中。

②教学区小广场

在各专业院系教学楼、科研楼、实验楼之间的广场，可以位于建筑之前，也可以位于建筑之后。其中活动来往的人员主要是校内的师生。此类型的广场亦可称为教学区小型广场，是教

▲ 校园中心广场

学科研的辅助性交往活动空间。这类广场空间的氛围应该是宁静、祥和的，使师生在高度紧张的研究、教学活动之后，大脑得到适当的放松，消除疲劳。

③生活区广场

这是满足学生日常生活中娱乐或学习交流需求的广场空间。

▲ 带有篮球场地，并提供简单餐饮的长亭，使校园的生活广场亲切舒适，能够吸引师生在此进行娱乐活动和交谈

④小型节点广场

校园外部空间中有各种富于魅力的场所，散落于校园的各处，如自然的山地、水体等。在这些室外场所中，有一些空间位置特殊，它们或者是空间的转换连接点，或者是具有代表意义的区域象征。这样的空间具备成为"节点"的特征，它们常常被开辟设计成小型节点广场，自由地分布在校园内，如水边的小型广场、依草坡而建的小广场。

## 2. 内向型校园广场景观设计的要点

内向型校园广场的主要使用者是校内师生，能够满足师生们集会庆典、学术交流、休闲娱乐的需求，是整个校园中最具活力的部分，反映了校园的人文精神。良好的校园广场景观能够潜移默化地影响学生的思想和个性发展，也能给师生带来共同的归属感和荣誉感。

## （1）绿化

绿地不仅为人们提供了休闲空间，起到美化广场的作用，又可以改善校园广场的生态环境。校园广场的绿化设计不仅需要根据广场具体的功能及性质来设计，而且要根据周围的大环境来设计。校园广场的绿化设计不同于其他广场，例如，交通广场中的绿化设计要考虑其功能是组织和疏导交通，并减少汽车尾气和噪声污染，所以主要采用草坪和低矮的树木，来缓解司机和乘客的视觉疲劳，从而起到降低事故的发生率与美化环境的作用。校园中广场的绿化设计以绿为主，应运用较大面积的绿化来满足人们的需要，让人们走进广场时仿佛置身于森林、草地之中，享受鸟语花香的校园环境。根据这样的需求，校园内向型广场的绿化设计可栽种高大的乔木、低矮的灌木、整齐的草坪以及色彩鲜艳的花朵，从而产生错落有致、层次丰富的空间组合，构成舒展开阔的巧妙布局。同时也应注意季相，做到三季有花、四季有景。

例如，蒙特利尔科学院的校园广场为了创造出一个学习的圣地，在广场上栽种了150多种树，使其成为闹市中的森林。精心挑选的树种使得校园景色独特，四季分明。春季，校园开满各色木兰花。树林中又夹种着肯塔基咖啡树、皂荚树和榆树。精心挑选、排列的树木的叶子层层叠叠，构成透明的天棚，在夏季给人带来清凉，在冬季又带来阳光。秋天，校园中满是金黄的银杏。

▲ 蒙特利尔科学院的一个小广场，平面呈花朵形，象征着教职员工。"花瓣"是五彩缤纷的种植池，"花蕊"是枝繁叶茂的皂荚树。从鸟瞰图中可以清楚地看到整个空间布局优美

▲ 走在小广场内，能够感受到丰富的绿植种类和高低错落的搭配。树木的叶子层层叠叠，构成透明的天棚，夏季给人带来清凉，冬季带来阳光

▲另一个小广场以叶子为主题，广场上的主要活动空间都设计成大小不等、形状各异的叶子造型。连接之处作为广场的通道空间，与植物的茎很相似；其他部分都设计成郁郁葱葱的绿植，鸟语花香

▲广场中心细节图，叶子形状的中心活动区、道路和汀步分别以不同的材质呈现，尽显细节之美。周边的绿化种类丰富，草坪上也有叶子形状的花池，让主题更明确。利用道路和"叶子"边缘设计了休息座椅，能够让人在花园式的小广场中得到彻底的放松

▲武汉大学的特色绿植"樱花树"

◀美国 Fitchburg 州立大学的校园广场绿化，金色叶子最能体现秋天的气息。鲜明的季相变化是植物用自身的生长规律馈赠给人类的最美的礼物

▲鲁迅美术学院的校园广场绿化搭配。校训石周围的植物错落有致，在秋季银杏变黄，冬季沙地柏长青

▲绿植营造的静谧空间

### （2）水体

　　早在两千多年以前，孔子便有"仁者乐山，智者乐水"的洞察，水被人们誉为"生命之源"，从古至今人们就有亲水性。而在广场设计中，水元素的增加可以活跃广场的气氛，丰富广场的空间层次。水体的类型也多种多样，有静态和动态两种。动态水可以设置成喷泉、叠水等不同形式。静态的水给人以宁静、祥和的感觉，象征着学生热情如火的同时，也应该像水一样，静下心来安心学习，钻研科学文化知识。动态的水给人以欢快、兴奋、激昂的感觉，它是一种压力水，以一定的速度、角度、方向喷出的一种水景形式，它呈现着动态美，象征学生们充满着激情与热情，朝气蓬勃，不断在大学的舞台上展示自我、舞出青春。设计时要充分考虑气候对水体的影响，高寒地区的水体设计要考虑设备的维护和冬季景观的美观性。

　　例如，哈佛大学的唐纳喷泉是美国极简主义大师彼得·沃克于 1984 年设计的，它有效地利用了自然石材，与周围的环境结合，是功能和艺术的完美结合体，是哈佛大学标志性的水体景观。

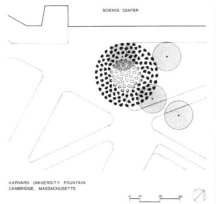

▲ 哈佛大学校园内的唐纳喷泉位于一个交叉路口，是一个由 159 块巨石组成的圆形石阵，所有石块都镶嵌于草地之中，呈不规则排列。石阵的中央是一座水雾喷泉，喷出的水雾弥漫在石头上。喷泉会随着季节和时间而变化，到了冬天则由集中供热系统提供蒸汽，人们在经过或者穿越石阵时，会有强烈的神秘感

▲ 唐纳喷泉充分展示了沃克对极简主义手法的纯熟运用。巨石阵源于他对英国远古巨石柱阵的研究，同时质朴的巨石与周围的古典建筑风格完全协调，而圆形的布置方式则暗示着石阵与周围环境的联系

▲ 唐纳喷泉作为一种非传统的喷泉景观，能够呈现四季变化，即使在冬季也呈现出美感

唐纳喷泉作为一件划时代意义的景观设计作品，有着鲜明的极简主义和大地艺术色彩。唐纳喷泉对功能和周边环境有着充分的考虑，完全融入自然，易于人们亲近，经受了时间的考验，是哈佛大学的地标性水体景观

▲ 日本某校园的水池。水池呈圆形，围绕水池设有座椅和绿化。水池很浅，能够一窥水底的卵石。圆形的浅池像一面镜子反射着天空，那一滴一滴的水在镜面水上形成涟漪，伴着水滴声尽显日式"侘·寂"的美学精神，让人宁静

▲ 某学校的水体景观。水在池中形成静态，由两侧倾泻下来，形成水幕，犹如绸缎一般，生动迷人

## （3）公共设施

校园广场上的公共设施是为师生的日常生活和学习提供便利的公共物品，它不是单独存在的，是校园整体建设的一部分，传达了一个校园的文化精神。公共设施的目标是结合功能分区，创造和拓展广场空间中合理的活动方式和文化精神。公共设施被称为"街道家具"，除了发挥"家具"的功能以外，也参与了场地的构成，丰富了空间的层次。

公共设施可简单地分为休息、标志、照明、休闲娱乐设施等。

公共设施的设计应充分考虑人的生理需求，使之充满人性化，在人机交互方面体现出功能的合理性和科学性，自觉地从人体工程学考虑，让使用者有美好的使用体验。

▶ 澳大利亚科技大学中心广场上的长椅
长椅有效地解决了草坪和广场硬质铺装之间的高差问题，并利用高差创造了生动的休闲空间。舒适的休闲空间总是能吸引人们驻足停留
长椅为白色镂空金属板和混凝土相结合，根据地势的差异充分考虑了人体工程学的设计要点。白色镂空金属板适合作为在硬铺地面上的座椅，而具有一定宽度的混凝土充当了草坪一侧的座椅，同时也成为硬铺一侧的座椅靠背。混凝土的高度也有变化，以满足坐、靠的不同需求。每隔一段间距就设置的白色太阳伞为休息的人们带来一丝清凉，在色彩上与座椅和谐统一

▲ 彩色的座椅点缀了校园广场，丰富了校园的色彩

▲ 借助混凝土休闲座椅作为绿植的边缘，同时也围合出一个尺度亲切、私密的小空间。混凝土未加修饰的表面给人以粗犷、质朴的感觉，具有较强的感染力

▲ 造型新颖、色彩鲜艳的体育器械是运动广场上的点睛之笔

▲ 师生们可以根据自己的喜爱选择在长廊下纳凉或是晒太阳，舒适的座椅可以满足不同人群交谈、放松的需求

▲ 校园广场中造型独特的亭子          ▲ 导视系统          ▲ 导视系统

### （4）雕塑

雕塑作为一种公共艺术，是校园广场上的点睛之笔，必然与空间和环境有着密不可分的联系。成功的雕塑应与它所处的空间环境形成一个有序的整体，所选择的题材应考虑表达特定环境中的各种文化内涵。校园雕塑是以大学文化为依托，供师生和游客观赏的造型艺术，具有特殊的放置环境和欣赏对象；雕塑的主题、材料、色彩等设计要素都应区别其他环境的雕塑艺术，要与校园特定的环境相融合。校园雕塑是校园文化和精神的载体，体现着校园的性格、传统、思想和地域性。根据功能的不同，雕塑可以分为纪念性雕塑、主题性雕塑、装饰性雕塑以及功能性雕塑。

▲ 鲁迅美术学院是1938年在延安成立的，由毛泽东、周恩来等倡导创建。为了纪念鲁迅的杰出贡献，发扬鲁迅的精神，所以校名就叫"鲁迅美术学院"。校训是由毛泽东书写的"紧张、严肃、刻苦、虚心"，符合鲁迅先生的作风。此图为鲁迅美术学院的主体雕塑——鲁迅先生的纪念性雕塑，凸显了校园文化的深刻内涵

▲ 厦门大学的雕像，年轻的女孩迎着风，昂起头，姿态舒展、神情自然美好，展现了年轻大学生朝气蓬勃的精神面貌

▲ 以书的形象作为原型，根据美学规律将其在空间中变化组合，形成雕塑，寓意读书的重要性

▲ 麦吉尔大学康复中心新校区的艺术雕塑，这个构造被当作一流的设备设施的图标。到了夜晚以蓝色和绿色的灯光照明，这两种色彩分别代表了天空和水资源——所有生命最基本的组成要素，寓意着对它们的敬意

## （5）铺装

广场地面铺装承载着人们的各种活动，因此铺装的质感要考虑自然气候的影响，选择耐磨防滑的材料。铺装可以利用不同的铺贴工艺或使用不同的色彩、材质形成美丽的纹样，功能舒适且美观的铺装会使空间的魅力大大提升。校园广场的铺装应根据具体的功能性质来设计符合场所气质的纹样。如在师生的休闲生活广场，铺装的设计在满足功能的基础上，纹样可以设计得活泼一些；教学区的广场纹样则应严肃整洁。铺装可以通过材质或纹样的变化来起到划分空间的作用，形成更亲切的私密空间；也可以用此种处理方法形成明确的方向性。

▲ 规律的铺装方式让人感觉整洁有序

▲ 木质平台是让人备感温暖的铺装，学生们可以在上面随意地休息、放松、交谈

▲ 铺装的明亮色彩划定了明确的空间界限，明亮的蓝色打破了传统的灰色地面，显得惊艳、生动

▲ 日本某高校的休闲广场，铺装与休息座椅和树池相结合，在形式上高度统一，打造了一个灵动、富于变化的休闲空间

▲ 树池的使用使得铺装拥有了更多的迷人细节，让整个广场空间的品质得到了提升

▲ 某校园广场的广场砖上刻着不同年份和人的名字，将学校值得纪念的事物和人物记载下来。铺装也可以成为文化内涵的载体

## 3. 文化内涵是校园广场景观设计的魅力所在

　　设计校园广场时，首先要尊重周围环境的文化，注重其文化内涵的设计，如图书馆、教学楼、实验楼、体育馆等各自有其特殊的文化内涵，应当深刻挖掘。将不同文化环境的独特差异和特殊需求加以深刻理解与领悟，体现出校园的个性和文化。文化环境在具体的情况下有许多不同的表现，如文脉、传统、源与流、历史、童话、神话等，设计师也可以通过反映习俗、乡土风情、纪念性的事物、著名的事物、怀古的事物或通过原始艺术、文学与书法等在设计中表达自己的某种特定的思想与意图。注重文化内涵的校园广场设计在我国也有很多成功的例子，如清华大学的校园广场设计。

▲ 清华大学校园礼堂区

▲ 清华大学校园二校门

清华大学校园的礼堂区一直被认为是校园的中心，清华学堂、大礼堂、科学馆、新建艺术教学楼、二校门等欧美古典建筑共同形成礼堂前广场

▲ 清华大学古月堂

▲ 清华大学校训石

在清华大学校园西边有中国古典皇家园林被焚毁后留下的近春园、工字亭、水木清华、古月堂等建筑；广场绿地正南边的一块造型别致的大理石上刻着"自强不息　厚德载物"八个深红色大字。整个广场精辟地反映和记载了清华大学的历史、文脉及校训，成为学子们参观、游览、休闲、娱乐、集会、学习的理想场所

再如墨尔本莫纳什大学的肯尼斯·亨特花园广场，该广场对整个学校有着重要的价值。

▲ 肯尼斯·亨特花园广场坐落在墨尔本莫纳什大学的克莱顿校区。该广场在设计和植被种类的选取上都别具匠心。工程教授肯尼斯·亨特引入了一棵克隆的苹果树，它的本意来自当年帮助牛顿得出万有引力定律的那棵苹果树，借此隐喻：在这里——莫纳什大学的肯尼斯·亨特花园中将会培养出下一个"牛顿"

## 4. 校园广场设计要发扬地域精神

不同的地域孕育着不同的文化，体现着强烈的地域精神。地域通常被认为是一定的地域空间中自然要素和人为要素的综合体，它具有一定的界限范围和乡土特征。"一方水土养一方人""十里不同风，百里不同俗"等俗语描述的都是地域性。地域文化的形成是一个长期的过程，经历了时光的变迁，积淀精华，形成了独具特色的文化，包括气候条件、地形地貌、水文地质、动植物资源以及历史、文化资源和人们的各种活动、行为方式。地域文化反映了当地居民的价值取向和审美取向。

我国幅员辽阔，无论地形、气候、植被、生活习惯都有较大的差异。从大范围来看，各地的特点不同，常作"关外豪爽、江浙高雅、岭南飘逸、京津稳重、三秦质朴"的比喻分类。在对应的地域气候、自然地形地貌、地方植被、生活习惯、历史背景上，形成了各自不同的风格体系。在校园广场景观的设计上应该仔细分析这些因素，避免"千城一面"的地域文化失语现象。

▲ 中国美术学院选址杭州西子湖畔，整个建筑采用灰色墙砖，造型采用了新中式风格，古朴素雅。入口处使用了大量的竹子，竹子这种有气节的南方植物更加提升了空间的格调，整个空间的气质都非常符合江南地区的雅致

▲ 大雪后的沈阳鲁迅美术学院　　▲ 厦门大学

我国南北方的气候差异造就了不同的植被分布，也呈现出不同的地域景观，例如，北方高寒地区常选用耐寒、长青的植物，冰雪景观也是北方校园的独特魅力。而厦门大学处于亚热带，植物种类丰富，有较多的棕榈植物，这是北方没有的。地域的差异使得不同的校园各具特色，正是各自的特色让空间具有归属感

## 5. 尊重校园的历史文脉，做好新老校区的历史文脉传承

"文脉"是一个在特定的空间发展起来的历史范畴，从狭义上理解是"一种文化的脉络"；而广义的理解，就景观设计而言，是指人与环境景观的对话。高校校园人文景观的形成与历史文脉的延续有着密不可分的联系。高校校园的景观设计强调文脉，在注重校园文

化的同时尊重校园的历史。校园文化在一定时期内是相对固定的，具有静态的形式特征，但在较长的时间内又有演变发展的趋势，它是一个积累的过程。因此，校园景观的设计应该尊重过去并欢迎创新。

校园景观只有不断融入新的思想、新的内容，才能体现出大学校园的朝气与活力。无论老校区的改建、扩建，还是新建的校区，都会有它独具特色的历史。在设计手法上新老校区各有不同的侧重点，改建或扩建的老校园要发掘本校的历史文脉，结合已有的建筑物和景观构筑物、地形地貌等进行创意构思；新校区除了同样要挖掘校园历史文脉之外，在校园景观设计上要突出特色，反映新的气象，彰显新环境的时代性、前瞻性和代表性。

校园中往往会留下文化内涵丰富且具有历史意义的建筑和景观。保存完好的具有历史意义的建筑和场所包含着过去与现在师生共同的记忆，酝酿着浓厚的人文气息，并且随着时间的流逝，源远流长。

▲ 沈阳建筑大学在迁址新校区时，将原有的老校门完整地保留下来，并且移至新校区的入口广场。原有的老校门建于 1954 年，由 4 个门柱组成，其中两个高为 4.6 米，另两个高为 3.8 米；门柱的顶部采用中国古建形式——斗拱，极富建筑特色。保留下来的老校门矗立在新校区，仿佛是凝固的历史，古朴沧桑，成为新校园独特的人文景观

## 项目实施

以下以某工艺美术学院的教学楼前广场为例，具体讲解校园广场景观的设计流程。

## 一、接受任务

下达任务书，讲明项目的相关要求；人员进行分组，对项目进行初步分析，拟定大致的工作进度计划表。

## 二、实地勘测

接受任务后，就要对项目的基地进行实地勘测，之后要整理以下几个方面的分析和记录。

- 对基地的现状要进行分析，如项目的具体位置、地形、与景观匹配的周边建筑情况。
- 景观资源的分析：现有自然景观、植物品种和其具体位置等。
- 交通、区域分析：现有道路、出入口、广场等。
- 历史、人文景观分析：风格、整体的布局是否有地方特色。

▲ 本方案的地理位置位于辽宁沈阳，北纬41°，东经123°，属于北温带大陆季风性气候，四季分明，平均气温在7.9℃

▲ 红色区域为本次项目的设计范围，位于整个学院的西南角，面积约为10000m²

▲ 场地的实景照片

通过对实际场地的勘探，可以明确基地的地形平坦。虽有原校址保留的60年的参天大树，但缺少一定的修整，部分造型不够美观。两列大树中央有一条主要干道，但和美术学院教学楼及实训楼（设计范围内西南侧要建立）缺少联系

## 三、概念设计阶段

### 1. 整理好实地勘探的结果，开始确定方案的主题立意和风格

由于现有的教学楼都均为简洁的现代风格，广场的风格也定位为现代风格。设计师提炼的直线条和四棱锥造型也非常适合现代风格的展现。将纸张的"褶皱"结合功能对校园广场进行区域划分，打破了传统的格局和固有思维，设计出独特的艺术院校景观。

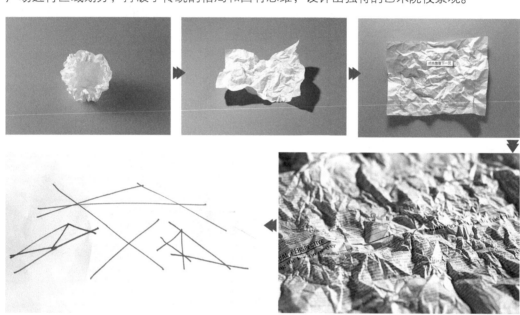

▲ 方案主题的构思过程

本方案是某美术学院的教学楼广场，连接着美术学院的教学楼和实训楼。设计师从美术学院学生的学习生活入手，找到了美术院校学生最为熟悉、天天都打交道的"纸张"。设计师在纸篓里找到了一个纸团，打开，折皱，再平铺，出现了高低起伏的肌理，这个折皱的纸就是创意的来源。设计师在纸的肌理中提取了构图的基本元素——直线条和四棱锥

### 2. 确定了风格和主题，就要正式开始进入概念设计阶段

概念设计应该由功能图解开始，用"泡泡图"的方式将基地的情况和要素之间的关系表达出来。

▶ 功能图解

进行功能图解，有助于设计师建立一个正确的功能分区，并且保持一个宏观的思考

任何设计归根结底都是给人使用的，功能合理是一切设计的前提

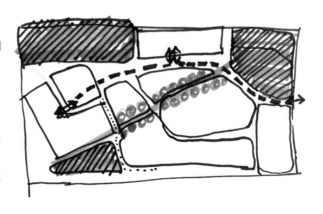

- 本方案考虑了对原校址留下的人文景观——60年参天大树的利用。这些树木见证了学院的发展历程，在方案中大部分得到了保留，去掉了一部分缺乏打理、坏死的树木。对原有道路加以利用。

- 考虑出入口的位置和人流的集中与疏散。教学楼的出入口应预留足够的空间来满足几百人同时出入而有秩序的要求。停车场设置在广场靠近学院正门的一侧，挨着广场的主入口，方便外来人员停车，同时也避免了车流入内造成车、人混流的现象。

- 符合艺术院校学生生活需求和文化需要的广场空间。有足够的空间对不同专业学生的设计作品进行展览，包括服装系的服装走秀的舞台。

  还要满足学生日常的休闲活动，动静分开。

- 人性化的设施和广场的亲切感。

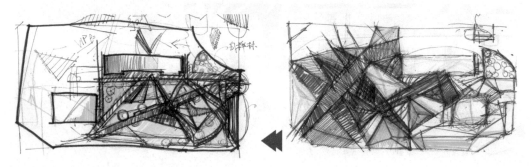

▲ 功能图解和形式相结合

初学者最容易犯的一个错误就是从局部着手，忽略对全局的考虑，总是过早地勾画某个区域的细节，如地面的材质。在还没有确定整体布局的情况下花大量时间刻画细节，如果方案发生改动，之前的工作就付诸东流了。所以初学者要养成绘制功能图解，先整体后局部的设计方法

功能图解能够帮助设计者快速地表达设计思路，同时对方案进行多方面的研究，探讨多种方案并完成合适的概念设计

## 四、方案设计阶段

### 1.对方案的不适之处进行修改、完善，并深化

### 2.根据草图绘制彩色总平面图

在完成功能图解后，对平面的布局要深入细化，比如，广场的尺度要与周围建筑及绿化的布置、体型、高度相协调，使人置身其中有亲切感。对于较大的广场，为了使得空间大而不旷、尺度宜人，可以把广场分隔成多层次的、大小有致的多个空间，使其既适宜多数人的交往，也宜于少数人阅读、小憩，并与供车流和人流使用的空间区隔，以免相互交叉。同时要布置广场上的景观要素，如水体的位置及形状、绿植的设计、树种的选择和搭配、种植出的效果、季相。合理地设置校园广场家具——景观设施、小品，要实用美观，符合

设计主题，凸显艺术学院的气质，而且要有文化内涵。

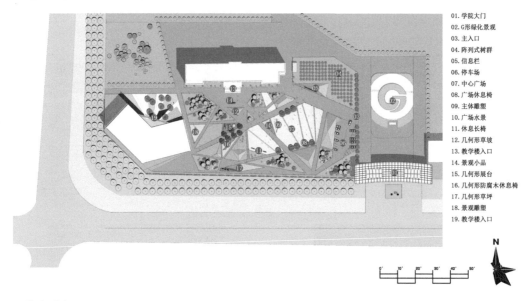

01. 学院大门
02. G形绿化景观
03. 主入口
04. 阵列式树群
05. 信息栏
06. 停车场
07. 中心广场
08. 广场休息椅
09. 主体雕塑
10. 广场水景
11. 休息长椅
12. 几何形草坡
13. 教学楼入口
14. 景观小品
15. 几何形展台
16. 几何形防腐木休息椅
17. 几何形草坪
18. 景观雕塑
19. 教学楼入口

▲ 总平面图

总平面图应标注比例尺、指北针及设计内容的图例说明。在总平面图中还应绘制出设计范围与周边环境的关系

## 3. 彩色鸟瞰图

▲ 鸟瞰图

鸟瞰图能够更立体和直观地观察设计的内容、各部分内容的关系以及竖向关系

## 4. 总体景观设计分析图

总体景观设计分析主要包括功能分析、交通流线分析、设施分析、照明分析、绿植分

析等。分析图能够帮助客户更加清楚项目的设计内容。

分析图可以将绘制好的彩色平面图进行去色处理，然后在黑白的平面图上用色彩鲜艳的范围或图例来标注想要表达的设计内容。

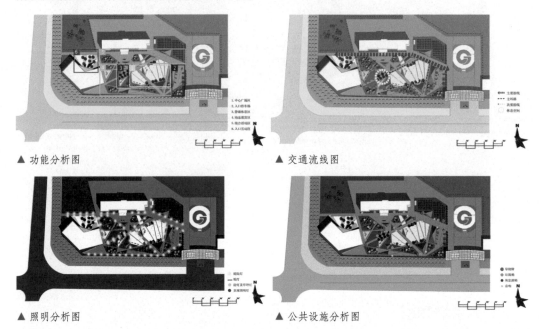

▲ 功能分析图　　　　　　　　　　　　　▲ 交通流线图

▲ 照明分析图　　　　　　　　　　　　　▲ 公共设施分析图

在照明分析图和公共设施分析图中可以安排感觉类似的示意图片，借此向客户更清晰地表明设计意向

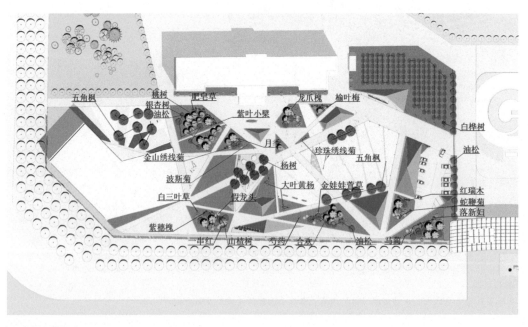

▲ 绿植分析图

如果绿植的种类很多、很丰富，在一张图纸上无法表现，可以将绿植分为乔木、灌木、地被花卉三大类，在每一类别里详细标注树木的品种

## 5. 主要景点的立剖面图以及整个地块的纵断面和横断面图

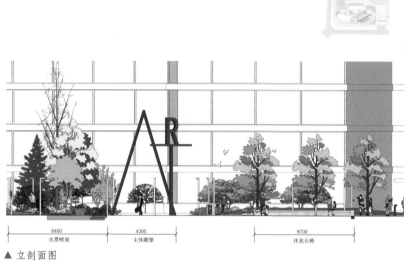

| 8400 | 4300 | 8700 |
|---|---|---|
| 水景喷泉 | 主体雕塑 | 休息长椅 |

▲ 立剖面图

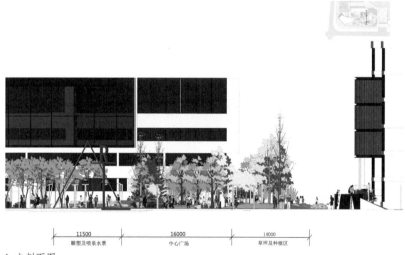

| 11500 | 16000 | 14000 |
|---|---|---|
| 雕塑及喷泉水景 | 中心广场 | 草坪及种植区 |

▲ 立剖面图

| 40000 | 80000 |
|---|---|
| 停车场 | 几何形草坡 |

▲ 立剖面图

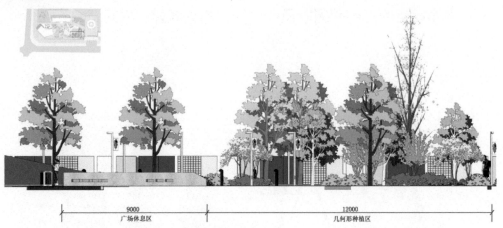

9000
广场休息区

12000
几何形种植区

▲ 立剖面图

绘制立剖面图时，要选择有地势变化和主要景观看点的位置进行剖切。不建议对整个广场剖看，这样会画出很长但很低矮的立面，不利于观察。应在平面图上标注相应的位置和剖看方向。在绘制立面图时要注意表现植物与景观建筑的关系，同时要注意表达绿植立面的层次。人物的行为也是立剖面图不可少的有力武器，人物的添加不仅能够渲染画面的氛围，还能起到量尺标杆的作用

## 6. 画出重要景点的透视效果图

效果图是有力地表达项目的方法，效果图不仅能让客户对项目设计的结果有直观的认识，也方便设计师对设计进行重审和再推敲。

效果图越丰富、越全面，客户对项目就越了解。

效果图制作流程：

建模

调整材质
调整投影
调整角度

**绘制CAD平面图**　　　　**导入SketchUp**　　　　**调整出图参数、出图**　　**PS后期处理**　　**完整效果图**

▲ 效果图制作流程

CAD平面图和建模过程要严谨，避免"失之毫厘谬以千里"

光影效果是效果图画面中非常重要的因素，物体的投影会使物体的轮廓和造型更清晰、画面的表现更有力度。在SU中，有时候效果图的黑白灰关系并不尽如人意，这时候就需要用PS制作后期，可以将暗部加重，对不够亮的部分再提亮

舒适的视角、精致的细节、恰到好处的氛围，这些都是提升效果图魅力的加分点

初学者经常纠结的问题是，用写实的风格好还是概念的风格好？关于这个问题，应该说效果图的风格不能说此好彼坏。只要能正确地表达设计意图，把问题说明白，表达清楚的效果图就是好图，和风格无关

效果图

效果图

▲ 主题雕塑效果图

本效果图着重表现广场的主题雕塑。主题雕塑由英文单词 ART（艺术）演变而来，非常符合艺术院校的内涵。将字母进行变形和重新组合，字母 A 的尖角高耸向上，体现了艺术人对美和艺术的执着追求

▲ 广场水体效果图

广场水体采用了三角形的造型,符合整体布局的划分;水体又考虑到了北方冬季的寒冷,没有设计大面积的水体,并且很浅,旱喷泉保证了无水状态的美观。在冬季寒冷的北方,大面积设计水体会造成冬季景观的缺陷,同时设备维护的成本也会加大

▲ 休息座椅效果图

充满人文关怀的景观设施是校园广场景观的亮点,有人性化的设施,空间才会具备吸引力和亲切感。校园的座椅使用了木材,木材自然、温暖、柔和,可有效地防止导热导凉现象。座椅分别设置成多人、三人和单人使用的大小,可以满足不同人群的需要

效果图

▲ 效果图

将原有的 60 年的树木保留并进行修剪，形成独特的校园文化景观。高大的树木是历史的见证。校园景观的建设一定要注意人文历史等文化内涵

效果图

▲ 效果图

在教学楼前专门设置了静态区域，在这个区域中设置了展柜和休息座椅。展柜被设计成多个切割面的形态，像宝石一样璀璨。玻璃的角度要考虑反光现象

▲ 艺术长廊效果图

利用学校的院墙设计了作品长廊，让院墙摆脱了传统的样貌，成为艺术文化的载体。在距院墙几米处还设置了长椅，方便学生交流、休息或思考，体现了设计的人性化

▲ 休息区效果图

符合整体划分风格的三角形休息座椅，能够满足多人同时使用，可以坐、卧、躺，让使用者用最放松的姿态来交流、读书和思考。木质材料在北方的冬天也不至于很冰冷

▲ 教学楼前效果图

整个布局用植物做了分隔，整齐而有变化。树木的立面层次丰富，树种搭配合理，不同季节都有看点，使用了适合北方的本土常青树

▲ 入口效果图

入口处的导视系统体现了设计的人性化

▲ 停车场效果图

## 五、扩初设计阶段

### 1.总平面图（主要表达出分区平面范围、主要剖面位置、主要景点名称、功能区、文体设施名称）

01. 停车场
02. 几何形草坡
03. 木质长椅
04. 中心广场
05. led地灯
06. 硬质铺装
07. 主体雕塑
08. 水景喷泉
09. 人流汇集点
10. 几何形草坪
11. 阶梯式绿植
12. 休息座椅
13. 景观绿化树群
14. 信息栏
15. 特色围墙

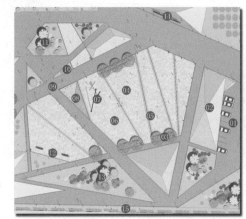

▲ 局部放大平面图

01. 标志牌
02. 几何形草坡
03. 几何形展台
04. 休息石椅
05. 三角形防腐木椅
06. 静谧休息区
07. 错落式草坪
08. 休息长椅
09. 景观雕塑

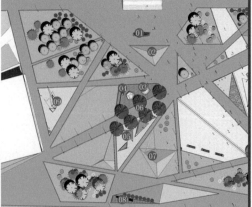

▲ 局部放大平面图

## 2. 植物季相图、配置图、种植图、树木品种与数量的统计表

**季相图**

春 夏

秋 冬

▲ 季相图

季相图可以通过立面或效果图来表达，主要展示不同季节树木的状态

**植物配置示意图**

| | | | | |
|---|---|---|---|---|
| 油松 | 龙爪槐 | 白桦树 | 杨树 | 桃树 |
| 五角枫 | 山楂树 | 合欢 | 银杏树 | 天女木兰 |
| 紫叶小檗 | 大叶黄杨 | 珍珠绣线菊 | 迎春花 | 红瑞木 |
| 白三叶草 | 芍药 | 马蔺 | 金山绣线菊 | 蛇鞭菊 |

▲ 植物配置示意图

苗木表

| 编号 | 类别 | 植物名称 | 学 名 | 株高（M） | 冠幅（M） |
|---|---|---|---|---|---|
| 1 | 落叶乔木 | 银杏树 | Ginkgo bilobal | 40 | 4 |
| 2 | 落叶乔木 | 五角枫 | Acer mono | 7-8 | 3-4 |
| 3 | 落叶乔木 | 山楂树 | Grataegus pinnatifida | 3-4 | 3-4 |
| 4 | 落叶乔木 | 合欢 | Albizzia julibrissin Durazz | 6-7 | 3-4 |
| 5 | 落叶乔木 | 桃树 | Prunus padus | 4-5 | 3-4 |
| 6 | 落叶乔木 | 龙爪槐 | Sophora japon | 2-3 | 1.5-2 |
| 7 | 落叶乔木 | 天女木兰 | Gingo biloba | 6-7 | 3-4 |
| 8 | 落叶乔木 | 杨树 | Populus tomentosa carr | 30 | – |
| 9 | 落叶乔木 | 白桦树 | Betula platyphylla Suk | 25 | 50 |
| 10 | 常绿乔木 | 油松 | Pinustabulaeformis carr | 10-15 | 1.3-1.5 |
| 11 | 灌木 | 红瑞木 | Cornus alba | 0.8-1 | 0.8-1 |
| 12 | 灌木 | 榆叶梅 | Prunus. triloba | 0.8-1 | 0.8-1 |
| 13 | 灌木 | 珍珠绣线菊 | Spiraea thunbergii | 0.8-1 | 0.8-1 |
| 14 | 灌木 | 大叶黄杨 | Euonynus japonicus Thunb. | 0.8-1 | 0.8-1 |
| 15 | 灌木 | 紫穗槐 | Amorpha fruticosa | 0.8-1 | 0.8-1 |
| 16 | 灌木 | 紫叶小檗 | Berberis thunbergii cv. Atropur | 0.8-1 | 0.8-1 |
| 17 | 花卉 | 蛇鞭菊 | Liatris spictabicata | 0.5 | 16 |
| 18 | 花卉 | 马蔺 | Lris ensata Thunb | 0.3 | 16 |
| 19 | 花卉 | 芍药 | Paeonia Lactiflora(P. albiflora) | 0.4 | 2 |
| 20 | 花卉 | 金山绣线菊 | Euonymus kiautschovicus | 0.3 | 25 |
| 21 | 花卉 | 假龙头 | Physostegia virginiana | 0.6-1.2 | – |
| 22 | 花卉 | 月季 | Rosa hinensis | 0.4 | 0.5 |
| 23 | 花卉 | 一串红 | Salvia splendens Ker-Gawle | 2.5-7 | 2-4.5 |
| 24 | 花卉 | 波斯菊 | Cosmos bipinnatus Cav | 1-2 | 2 |
| 25 | 花卉 | 落新妇 | Astilbe chinensis | 0.25-1 | 0.15-0.5 |
| 26 | 花卉 | 肥皂草 | Saponaria officinalis Linn . | 0.2-1 | 0.25 |
| 27 | 草本植物 | 白三叶草 | Trifolium repens Linn. | – | – |
| 28 | 草本植物 | 结缕草 | Zoysia japonica | – | – |

▲ 苗木计划明细表

**3. 主要建筑物（亭架廊、水景、花坛、景墙、花台、喷水池等）的平、立、剖面图和特殊做法**

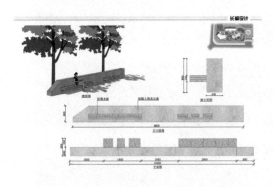

▲ 座椅详细尺寸图

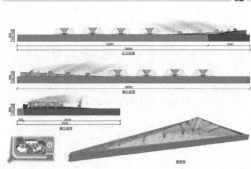

▲ 水池详细尺寸图

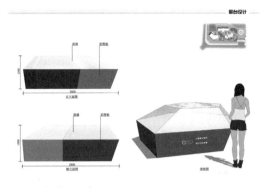

▲ 展示柜详细尺寸图

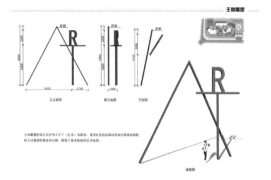

▲ 雕塑详细尺寸图

## 4. 道路、广场的铺装用材和图案（可用照片表示）

自然石块砌种植池

中国黑花岗岩压顶碎拼黄木纹页岩种植台

人造仿自然石材

卵石铺装自然石路缘

白锈石嵌草

青石板铺装方式

自然石块砌种植池

页岩砌路缘石

卵石嵌防腐原木

碎拼黄木纹页岩

▲ 铺装用材示意图

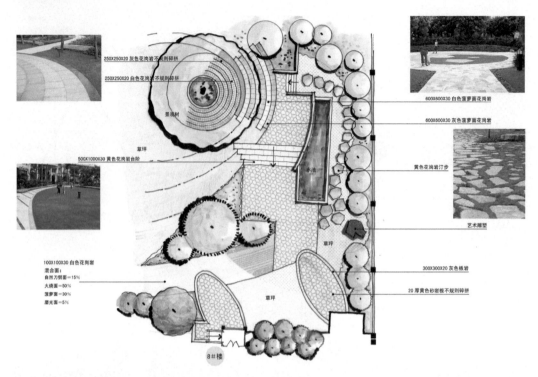

250X250X20 灰色花岗岩不规则碎拼
250X250X20 白色花岗岩不规则碎拼
景观树
草坪
500X1000X30 黄色花岗岩台阶
100X100X30 白色花岗岩
混合面：
自然刀劈面=15%
火烧面=50%
荔枝面=30%
磨光面=5%
水池
草坪
草坪
8#楼

600X600X30 白色菠萝面花岗岩
600X600X30 灰色菠萝面花岗岩
黄色花岗岩汀步
艺术雕塑
300X300X20 灰色板岩
20 厚黄色砂岩板不规则碎拼

▲ 铺装详图及示意图

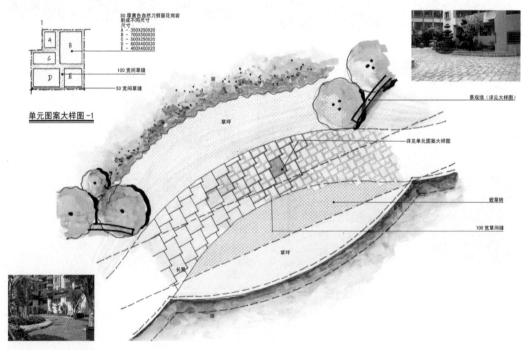

50 厚黄色自然刀劈面花岗岩
剁成不同尺寸
尺寸
A - 350X250X20
B - 700X500X30
C - 500X250X20
D - 600X400X20
E - 400X400X20
100 宽间草缝
50 宽间草缝

单元图案大样图 -1

草坪
花坛
湖
长凳
草坪
湖

景观墙（详见大样图）
详见单元图案大样图
嵌草砖
100 宽草间缝

▲ 铺装详图及示意图

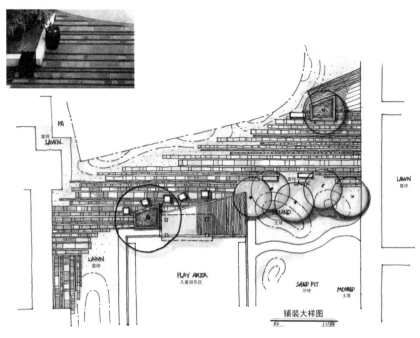

▲ 铺装详图及示意图

## 5. 灯具的使用也可以用照片示意图来表示

水下嵌灯　　　　　　水下射灯　　　　　　　　景观射灯　　　　　　　　　　庭院灯

光纤　　　　　　　　草坪灯　　　　　　射灯

▲ 灯具示意图

## 六、施工图阶段

施工图阶段的图纸内容包括景观总平面图，详图索引图，定位尺寸图，竖向设计平面图，各种园林建筑小品的定位图，平立剖面图，结构图，铺装材料的名称、型号、颜色，园路、广场的放线图，铺装大样图，结构图等。

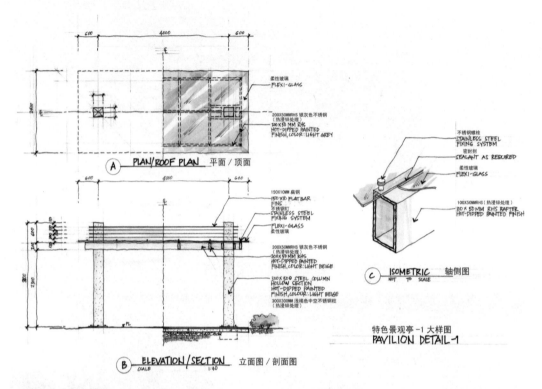

▲ 特色景观亭大样图

## 项目评价标准

| 序号 | 考核内容 | 考核的知识点及要求 | 考核比例 |
|---|---|---|---|
| 一 | 设计考察 | 在设计考察过程中对相关信息的掌握能力<br>设计资料的收集与整理能力 | 10% |
| 二 | 工作技能 | 1. 设计总面积 7000m² 的校园广场景观设计方案一套<br>2. 要求手绘表现与电脑表现相结合，制图规范，制作成设计方案文本<br>3. 具体图纸内容包括总平面图、分析图、立面图、效果图、节点图，并撰写设计说明书<br>4. 设计方案要体现创意水平，布局合理，符合功能要求<br>5. 通过答辩阐述设计理念和创意角度，表达流畅，语言生动，思维清晰，逻辑性强。 | 60% |

续表

| 序号 | 考核内容 | 考核的知识点及要求 | 考核比例 |
|------|----------|-------------------|----------|
| 三 | 职业素养 | 1. 工作态度与出勤情况<br>2. 设计工作沟通情况<br>3. 设计工作协调情况<br>4. 设计项目管理与调控能力 | 30% |
| 合计 | | | 100% |

## 项目总结

根据学生学习的整个过程中常出现的问题，归纳出以下几点作为总结。

1. 通过本次项目的训练，要能够掌握校园广场景观设计的流程。

2. 在方案设计阶段可以依据"主题"作为方案开始的切入点。

3. 了解常用的基本尺度，合理地做出功能布局。

4. 绿植的合理搭配，注意立面层次关系和季相效果。季相图的绘制不是简单地变化色彩，也要注意树的形态的变化。

5. 主题的概念贯穿始终，通过空间布局、广场景观要素等体现文化内涵。

6. 绘制图纸时注意规范性。

7. 绘图软件之间的灵活衔接和运用，如CAD与SU之间的图纸转换；PS对SU后期的处理，以及SU与LU之间的转换等。

8. 展册制作符合主题的选择，制作精良且具美感。

## 课外拓展性任务与训练

1. 组织学生外出考察所在地的其他高校，并撰写考察报告

在考察时，要求学生针对广场要素及细节进行拍照，回来后进行归纳总结，可以将不同的高校进行对比。帮助学生理解广场景观要素的处理和景观背后的文化内涵。

2. 通过书籍或互联网查找相应类型的校园广场案例，并加以分析

要求学生做读书笔记，记录景观大师著名的方案；可以是手绘的，也可以是电子版的。

# 居住区广场景观设计

居住区广场主要包括居住区入口广场和居住区中心广场，是居民交往、休憩、户外健身、儿童玩耍的主要公共场所，是居住区景观设计的中心。

居住区入口广场是居住区与外部环境的连接点，是居民出入的必经之路。它不仅能提高环境的质量，作为和街道的连接点，还能美化城市街道的环境，增添街道的特色和魅力。居住区中心广场承载了居民的主要日常活动，是人们重要的生存空间，居住区广场的质量影响着人们的心理、生理及精神生活。提高居住区广场的功能性、生态性、整体性和艺术性显得十分重要，同时也要做到突出文化底蕴，彰显地域文化。

## 项目目标

本次项目为某居住区入口广场，面积约为 3000m²，项目地点位于沈阳市。本方案要求能够根据现有建筑的风格，营造一个功能合理、具有文化内涵的居住区入口广场景观。

要求在规定时间内完成居住区入口广场的景观设计，具体包括以下内容。

- 居住区入口广场景观设计方案文本一套，A4 大小。
- 要求制图规范，手绘表现与电脑表现等多种表现方式相结合，制作精美。
- 具体图纸内容包括总平面图、局部放大图、分析图、立面图、效果图、节点图，并撰写设计说明书。
- 设计方案要体现创意水平，布局合理，符合功能要求。
- 通过答辩阐述设计理念和创意角度，表达流畅、语言生动、思维清晰、逻辑性强。

## 项目分析

通过本次项目的训练，希望同学们能够掌握居住区广场景观设计的流程，以及在不同阶段中需要完成的设计内容；掌握居住区入口广场景观设计的要点和居住区中心广场景观要素的设计方法，这也是本项目训练的重点。同时希望同学们提高阅读量，开阔眼界，拓宽设计思维。

## 相关知识

### 1. 居住区用地的分类

按照居住用地的不同功能，可以将居住用地划分为以下四类。

#### （1）住宅用地

是指居住区建筑基底占有的用地及其四周合理间距内留出的一些空地，包括宅旁绿地、宅间小路等。

#### （2）公建用地

是指与居住区相匹配的各类公共建筑和公共设施用地，包括建筑基底占地及所属的专用场院、绿地和配建的停车场、回车场。

#### （3）道路用地

是指居住区道路、小区路、组团路及非公建配建的居民区停车场、回车场等。

### （4）公共绿地

是指满足居住区规定的日照要求，适合安排居民游憩、活动共享的居住区广场、组团绿地以及其他块状、带状的绿地。

## 2. 居住区规划的主要技术、经济指标

### （1）建筑面积

建筑面积也称建筑展开面积，指建筑物各层面积的总和。它是表示一个建筑物建筑规模大小的经济指标。

### （2）建筑密度

指在一定用地范围内所有建筑物的基底面积与基地面积之比，反映出一定范围内的空地率和建筑的疏密程度。

### （3）建筑面积密度（容积率）

指一个小区的总建筑面积与用地面积的比率。一个良好的居住小区的高层住宅容积率应不超过 5，多层住宅应不超过 2。

### （4）绿地率

指居住区用地范围内各类绿地的总和与居住区用地的比率，绿地率应不低于 30%。

## 3. 居住区广场景观流行的风格

现在的居住区广场景观多依照居住区建筑的风格来确立，我们在做方案之前一定要明确项目的风格及特点。按照国家和地区以及民族文化，对居住区广场景观进行以下分类。

### （1）中式风格

中国传统的建筑主张"天人合一、浑然一体"，在居住环境上要求"静"和"净"。现代的中式风格居住区多为新中式风格，主要有以下特点。

- 遵循了中国传统园林"崇尚自然"，讲求"虽由人作，宛自天开"的造园原则。由于传统中式风格造园法则较多，新中式风格的居住区将古典中式风格中的一些元素与现代造园方法相融合，增加了舒适感，营造了更为现代的中式庭院、游廊等园林形态。
- 新中式风格在材料、元素选择上对中国古典园林进行了抽象化，不同于纯粹地对古典风格进行仿照。如，建筑和景观的色彩以青灰色为主，增加中式风格的质朴感，或将一些景观中亭廊的材料用钢材进行替换。

▲ 利用现代手法和材料将中式风格对称的庄重大气、山水绵长悠远的意境充分表达出来

◀ 整个小广场的色调采用了青灰、白、黑，朴质雅致。现代硬朗直线条的静水水池，如同镜面一般反射着周围的景观，体现了中式风格追求的天人合一、宁静淡泊的境界所有的景观要素都运用了现代的设计手法，将中式风格的精髓体现出来

### （2）地中海风格

在这片独特的海域上，西方的宗教、哲学、科学和艺术起源于此，整个欧洲的奋斗和抗争史也浓缩凝聚于此。地中海人的生活充满了历史上各种文化的色彩，几千年的贸易、移民和侵略改变了这里，使它成为各个民族、各种文化的大熔炉。

目前我国居住区经常用到的地中海风格多为意大利式风格和西班牙风格。

①在欧洲古典园林中，意式风情园林具有非常独特的艺术价值

意式风情园林的造园艺术指的是文艺复兴和巴洛克时期的造园艺术。巴洛克艺术号称师法自然，园林却更加人工化，整座园林全都统一在单幅构图里，树木、水池、台阶、植坛和道路等的形状、大小、位置和关系，都推敲得很精致。意式风情园林的美就在于其所有要素本身以及它们之间比例的协调、总构图的明晰和匀称。这与中国园林追求自然写意

▲ 意式风情园林对欧洲造园体系的一个贡献便是中轴线的设置

▲ 意式风情园林的中轴以山体为依托，贯穿数个台面，经历几个高差而形成跌水，完全摆脱了西亚式平淡的涓涓细流，而开始显现出欧洲体系宏伟壮阔的气势

的风格有很大的差别。

②西班牙三面临海，是一个被大海所拥抱的国家

西班牙风格具有浅色甚至白色的立面外观、宁静的庭院、红色的屋顶，在蓝天白云的映衬下显得格外耀眼。西班牙先后受到罗马人、哥特人及阿拉伯人的长期统治，其景观风格是一种欧式与阿拉伯风格的混合体，在庄重中透出随意，隆重中透出多元、神秘、奇异的特征。

西班牙风情园林早期是模仿古罗马的中庭式样，常常将庄园建在坡地上，并将斜坡辟成一系列台地，然后围以高墙，形成封闭的空间，并在墙边种植一些绿荫树。后来伊斯兰造园风格传入之后，又显出布局工整严谨、气氛幽静的特点。文艺复兴之后，则主要受到意大利和英国、法国园林

▲ 阿拉伯式的拱券式回廊，宁静的水体结合欧式桥、亭，尽显西班牙园林的多元异域风情

▶ 西班牙风情园林的空间划分与界定依靠轴线进行，通常以十字形构成中轴线，围绕着轴线展开各具特色的空间

思想的影响，显得内敛、沉稳，景观的装饰更有贵族气质。

在规划上，西班牙景观多采用曲线，善于利用有利地形。在材料的运用上，西班牙景观强调就地取材，讲究亲切自然的特性。

▲"水"是西班牙风情园林的灵魂元素之一，其通常使用水系、绿化带作为空间分隔媒介，使社区与外部自然区分，水岸气息散落在每个角落，体现了水、建筑与人的完美和谐

### （3）日式风格

日式风情园林又称"和式园林"，以幽雅、宁静、深邃、曲折的艺术风格闻名。它可大可小，大则静谧，小则精致秀巧，一般可分为枯山水、池泉、筑山庭、平庭、茶庭、露地、回游式、观赏式、舟游式以及它们的组合等。

日式风情园林的特点有清纯、自然、小巧、禅意印象等。它有别于中国园林"人工之中见自然"，而是以"自然之中见人工"来着重体现和象征自然的景观，避免人工斧凿的痕迹，创造出一种简约、清宁的至美境界。其常用质朴的素材、抽象的手法表达玄妙深邃的儒、释、道法理，用园林语言来解释"长者诸子，出三界之火宅，坐清凉之露地"的境界。

▲ 日式风情园林的四分之三都是由植物、山石和水体构成的。植物选材以常绿树木为主，花卉较少，且多有特别的含义，如松树代表长寿，樱花代表完美，鸢尾代表纯洁等

## （4）东南亚风格

东南亚风情园林讲究自然、生态。其最大的特点是还原最自然的风情，给人以随性、热情奔放的感觉；对遮阳、通风、采光等条件关注，并注重对日光和雨水的再利用，从而达到节省能源的效果。

东南亚风情园林对材料的使用也很有代表性，如黄木、青石板、鹅卵石、麻石等，旨在接近真正的大自然。花园则偏爱自然的原木色，色彩主要以宗教色彩浓郁的深色系为主，沉稳大气，同时有鲜艳的陶红和庙黄色等，在视觉感受上有泥土的质朴。此外，受到西方设计风格的影响，珍珠色、奶白色等浅色系也比较常见。

▲ 东南亚风情园林一般比较通透和清爽，空间富于变化，植被茂密丰富，水景穿插其中，小品精致生动，廊亭较多，具有热带滨海风情度假村的显著特征

## （5）法式风格

在意大利文艺复兴时期，法式风情园林深受其影响，园内出现了石质的栏杆、棚架等，花坛出现了绣花纹样，偶尔用雕像点缀。

岩洞和壁龛也传入法国，洞口饰以拱券或柱式。在平面构图上也采用意式园林轴线对称的手法，以该轴线为中心对称布置其他部分，显示出等级制度。

法式风情园林在学习意式风情园林的同时，非常注重本国的特点，从而创造出了独特的园林风格。与意式园林的露台建筑式造园相比，法式风情园林更强调平面图案式。尽管两者都采用了规则的形式，但特征却截然不同，即意式有立体的堆积感，法式则有平面的铺展感。

▲ 东南亚风格的入口广场，景观廊架和水体相结合，周围环绕着丰富的绿植配置；材料使用自然的木材和石材，色彩十分质朴

▶ 文艺复兴时期的法式园林，出现了石质的栏杆，花坛呈绣花纹样，有雕像作为点缀

▲ 法式风情园林十分重视用水，认为水是造园不可或缺的要素，巧妙地规划水景。图中的水池玲珑有致，呈中轴对称，视线的焦点设有雕塑作为点缀

▲ 法式风情园林中喷泉的设计方案多种多样，有的取材于古代希腊罗马神话，有的取材于动植物，它们大多具有特定的寓意，并能够与整个园林的布局相协调

▲ 英国风情园林把园林建立在生物科学的基础上，创建了各种不同的人类自然环境，并有机结合地块的天然高差，以进行景区转换和植物高低层次的布局，形成浪漫的英伦情调和坡式园林景观的显著特点，颇为自然地呈现一种外向开朗的性格，洋溢着世外桃源般的欧陆风情

## （6）英式风格

18世纪中下叶，欧洲的文学领域兴起了浪漫主义运动，其中崇尚自然的思想对造园领域产生了重要影响。英国率先恢复传统的草地、树林，从而发展出了自然风景区。园林中重视景观建筑的装饰点缀，如中国的亭、塔、桥、假山，其他异国情调的小建筑、模仿古罗马的废墟等开始大量出现在英国园林之中。

## （7）美式风格

美国是一个移民国家，是一个具有多元文化的国家。美国人对自然的理解是自由、活泼的，并对自然充满敬意，这种质朴而强烈的愿望反映了他们对自然的热爱与好奇，人和自然的交流关系成为其民族性格的一部分，影响深远。因此，与传统的欧洲景观风格相比，美式风情园林更倾向于实用主义，在保持一定程度的欧洲古典神韵的同时，形式上更趋于简练、随意、现代、自然。

▲ 美式风情园林的特点是布局开敞，热情奔放且充满活力，主要沿袭了英式园林自然风景园的风格，展现了乡村的自然景色，让人与自然积极互动，同时讲究线条、空间、视线的变化，集绿化与休闲于一体

▶ 美式风情园林的空间布局形式自由且丰富，园路布置及水池多采用自然曲线形，植栽较为随意，倾向于大自然的特征。在材料的运用上，多采用当地一些天然木材和石材进行装饰

## （8）现代风格

现代主义风情园林是对古典园林进行了深入研究后发展出来的，但它又不是简单的重复和模仿，而是对此进行抽象、提炼、升华，同时将简单的点、线、面组合成的几何形直接地、有秩序地结合在一起，形成具有性格特点的园林形式，在艺术上表达出强烈的时代气息。其景观构成要素包括对点、线、面组合的几何形运用，对自然要素的创新引入，对传统设计元素的独特提炼和设计新元素的介入等诸多方面。

▲ 利用直线对广场进行划分，分割出整齐有序的不同部分，分别作为水体、绿化和休闲场地。整个空间简约大方，功能性质一目了然

▲ 整个休闲广场采用折线进行划分，水池的曲线边缘使整个空间活泼起来，不显局促。折线的引用使得地面获得了更多的细节变化。整个空间帅气硬朗、现代感十足

现代主义风情园林具有简约化、系列化、规则化、平面化、符号化等特点，往往表现为一种符号和形式，并通过平面基础符号在设计艺术形式上进行合理应用。作为艺术的提炼与归纳，现代主义风情园林更加着重于空间功能的规划，注重人文历史的符号提炼和场地分析，强调以开放平面取代线性序列等。

▲ 入口广场会与中心广场结合形成轴线的例子

## 4. 居住区入口广场景观设计的要点

入口是居住区的一个重要的标识。居住区的入口一般会分为主要入口（正门）、次要入口（侧门），也可能根据实际情况有多个入口。那么在进行入口广场景观设计时，必须明确入口一般有哪些设计内容，设计者要对设计的内容进行确定。居住区的入口空间一般分为与商业街结合的入口和单纯的入口。

在具体的设计中，有时入口广场会与中心广场结合，形成轴线。

| 入口广场的空间要素 | | | | |
|---|---|---|---|---|
| 建筑要素 | 大门 | 门卫房 | LOGO 墙 | 门禁 | |
| 景观要素 | 围墙 | 水体景观 | 绿植 | 照明 | 花池花钵 |

以下以案例讲解居住区入口景观的要素设计。同样的平面布局在空间上可以创造出不同的竖向变化。

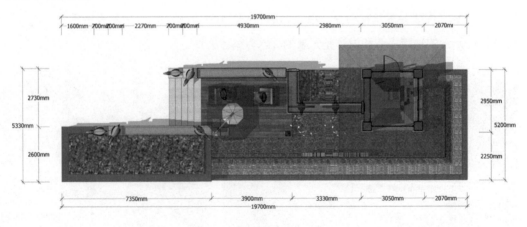

■ 主入口平面图

▲ 小区主入口的平面图。在平面图上可以看到岗亭、围墙以及水体、绿植等景观要素。在进行平面布局时，需要对平面上的每个元素都赋予空间属性，让平面在脑海里竖起来。平面上的元素符号通过功能的确定、风格的定位、细节的推敲，都能营造出不同的空间变化和风格各异的景观

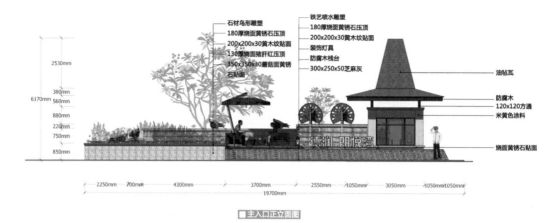

石材鸟形雕塑
180厚烧面黄锈石压顶
200x200x30黄木纹贴面
130厚烧面猪肝红压顶
350x350x30磨菇面黄锈
石贴面

铁艺喷水雕塑
180厚烧面黄锈石压顶
200x200x30黄木纹贴面
装饰灯具
防腐木栈台
300x250x50芝麻灰

油毡瓦

防腐木
120x120方通
米黄色涂料

烧面黄锈石贴面

▲ 根据平面图的布局，确定了东南亚的风格。将岗亭立面造型勾勒出来，同时也将水体的高差确立，植物的搭配在立面上也保持了丰富的层次。另外，小品的位置和造型以及人在环境中的行为，都得到了生动充分的表达

油毡瓦

防腐木
120x120方通
烧面黄锈石贴面

米黄色涂料

烧面黄锈石贴面

磨菇面黄锈石贴面
200x200x30黄木纹贴面

▲ 岗亭的立面图　　　　　　　　　　▲ 主入口的效果图

## （1）岗亭

　　岗亭是居住区入口广场的一个重要的建筑标志。它的形式和特点受到居住区建筑风格的制约。

　　岗亭一般面积不大，在造型上根据小区的建筑风格来定位，比如在立面上增加墙线、勒脚线、倒角、壁灯等装饰，以丰富立面效果。在设计岗亭时，一般还要设计自动伸缩门、控制闸门和电子感应装置等附属设备。

▲ 不同风格类型的岗亭

▲ 不同风格类型的岗亭（续）

### （2）水体

在居住区入口广场的设计中，常常会布置水体来营造热烈的气氛。水体的形式通常采用喷泉、跌水、涌泉、叠水等。

水景的营造需要有大量的水源供给，因此，在设计时要充分考虑水景缺水或水体不足时该如何处理。

▲ 动态的水体能够发出水声，渲染出热烈的气氛，结合绿植和雕塑等小品，能够加强水景的景观层次，增强表现力

▲ 镜面池是一种需要水量较少的水体景观，可以营造宁静的氛围。也可将镜面池和叠水相结合，水源充足时，营造叠水效果；水源不足时，营造一层薄薄的镜面效果

近年来，新设计理念、新材料不断得到运用，水体通过结合花卉花钵、雕塑小品等景观要素，焕发出新的生机。

▲ 水体与其他多种景观要素搭配

▲ 果盘式的喷泉大多建于法式风格的居住区景观中，近些年这种样式的喷泉也广泛地用于其他欧式风格的居住区景观中

## （3）围墙

在入口广场设计的过程当中，常常会运用各式各样的围墙来围合居住空间，营造不同的环境氛围。

LOGO 形象背景墙是一个小区的形象标志，是一个小区的门面，LOGO 形象墙可以结合植物、水体、小品雕塑等来设计。

▲ 结合植物和水体设计的 LOGO 形象背景墙

　　围墙一般由实体的柱子与铁艺栏杆相结合。柱子根据建筑的风格可能会有不同的细部装饰。有的柱身和柱顶会结合一些灯或铁艺图案、砂岩等进行装饰。铁艺栏杆部分通常会结合植物，营造从外部向内看时若隐若现的景观效果，且能较好地保护居住区的私密性。

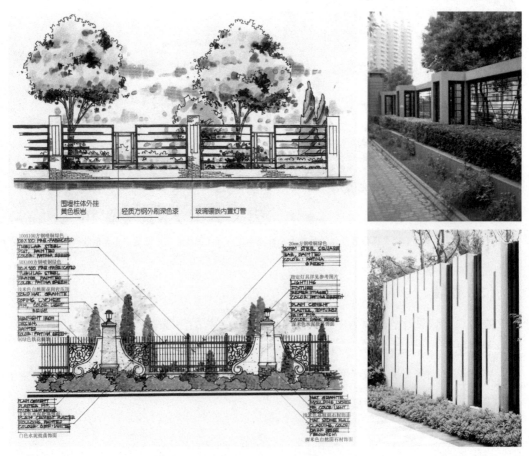

▲ 围墙常用的样式，个别的柱子也会使用其他材料，以营造不同的视觉和心理感受

## （4）绿植

在居住区入口广场上利用绿化会营造不同的氛围。

▲ 不同的绿化组合创造了不同的空间氛围和气质

## 5. 居住区中心广场景观设计的要点

中心广场是居住区公共空间中最有活力，也是最具标志性的部分，是业主生活、彼此交流的舞台。它反映了居住区的生活模式与文化内涵，是居住区风貌的集中体现，也是衡量居住区环境质量的重要指标。

## （1）水体

水景的方式有很多，包括跌水、瀑布、溪流、喷泉、镜面池、游泳池等。在设计时，我们在平面图纸上根据形式美感的规律来勾画水体的形状，同时在相应的立面图纸上考虑水体是否与其他景观要素结合，是否建立亲水平台等因素。

▲ ▶中心广场水体常用的
样式

## （2）绿植

绿植是众多景观设计要素中唯一有生命的要素，它作为居住区广场景观设计的主体，展现了居住区的气氛、品质、文化内涵。只有充分了解植物景观设计的科学性和艺术性，才能创造出充满人文关怀、自然生态、地域风情和文化气息的居住环境。

进行植物景观设计时，选配植物，要巧妙地利用植物的体态、色彩、质地和习性等进行构图，形成错落有致、丰富婉转的空间立面效果，通过植物的季相及生命周期的变化，构成动态的四维空间景观。好的植物景观设计能够通过四季的变化感染人们。

进行植物配置之前，读者应该对植物有所认知，应该能够掌握一些常见植物的习性、高度等因素。初学者们常常对植物感到头疼，觉得从外表来看有些树木比较相似，难以区分。这需要一个学习的过程，初学者们可以通过书本、网络、公园、身边的各种途径来学习认识植物，做好笔记，记录每个常见树木的习性、四季变化等。

### 植物的配置

植物配置没有唯一性，没有对错，不同的人对植物的认知不同，配出来的效果也会有所差异。在拿到一个场地的植配任务时，首先要考虑一些因素，如场地的地形状况、场地的地域特点、周边建筑的风格、景观设计的风格、有没有特殊限制、怎样保证效果、建筑一层平面窗户的位置等。

植物配置在立面上讲究层次，一般来说大概分五个层次，由高到低分别是能够体现树群的天际轮廓线的乔木层，有美丽色叶、开花繁茂的亚乔木层，大灌木层，小灌木层，多年生草本花卉层。

植物配置是辅助景观设计的，是设计中的软景体现，可以更好地营造空间，增强景观氛围。好的植物配置不仅让人感到舒适，也会让人更加深刻地体会到景观中的人文内涵。

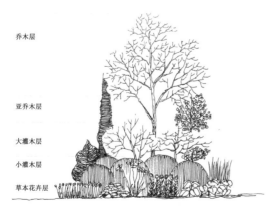

▲ 通常用乔木层来营造空间，亚乔层形成视线的焦点，灌木层体现植配的风格

▲ 竹子自古以来就因其坚韧不拔、高风亮
节的气质为世人所倾倒。白墙灰瓦的新中式
建筑配上竹子，空间的格调立即得到提升，
尽显清新脱俗，也更好地体现了中式风格所
追求的精神境界

▲ 青苔代表陆地，白沙代表海洋，石头代表山，这些构成了典型的
日本枯山水景观

象征长寿的植物和体现生命的植物常常作为最主要的造园植物

日本园林受禅宗影响很深，佛家的悲观和禅宗的顿悟思想使得日本
人特别注重转瞬即逝的美。樱花和枫树是这种精神体现的代表植物

在一个组团内要考虑常绿和落叶的比例，一定要有常绿植物，以保证冬天不会光秃秃。

▲ 如果大乔层次是常绿的，二乔层次就可以是
落叶的、开花的

▲ 如果大乔层次是落叶的，那么二乔层次就要用常绿的

　　在一个组团内要想获得较好的植被立面，就要
保证组团内有骨架大树支撑，这样其他的亚乔层和
灌木层就不容易散掉。同时灌木层自己也有骨架，
骨架前后的配置是不同的。通常骨架后面可以放一
些大叶的、粗放型的、地被型的灌木，骨架前面可
以放些观赏性较好、色叶的、开花的、生长缓慢的
灌木。

◀ 大树作为骨架支撑亚乔层和灌木层

灌木层次除高低外就是植物本身的形态，哪些是耐修剪的，哪些冠型是散的，可以把常用的灌木按照由高到低的高度画出来，用来参考。如果不确定效果如何，也可以将方案中使用的灌木拉出剖面来，观察是否存在问题，层次不要太多，控制在 3 ~ 4 种即可。考虑到工人修剪的方便性，灌木的宽度不要太宽。

高大的乔木不要紧邻建筑，至少保证 5m 以上的距离，一是保证植物的正常生长，二是能够给低层住户较好的观赏空间。

俗话说"向阳花木易为春"，在住宅的南侧因为有阳光的充足照射，可以设置色叶的灌木、落叶植物，保证冬季室内的采光。北侧则可种植常绿的植物。

▲ 灌木层也有自己的骨架，通常前面放置生长慢、观赏性强的植物，后面放置粗放型地被型灌木

## （3）景观小品

景观小品活跃整个环境的气氛，满足了人们的使用功能和审美需求。给人们提供使用功能的景观小品有亭、廊、座椅、灯等，提供审美需求的景观小品有雕塑、花钵花架、喷泉等。利用这些小品的材质、造型以及施工的精细工艺，能够体现出居住区的品质和内涵。景观小品的设计要充分考虑使用人群的需求，如老年人由于身体原因步行较慢，每隔不远的距离需要设置能够休息的座椅或座位。座椅的位置还要考虑到日照对其的影响。

▲ 亲人主题的雕像

▲ 唱歌的人

▲ 水鸟雕像

▲ 中式风格的景墙，使用端庄对称的布局和"透景"
的处理手法，使整个景墙通透不沉闷

▲ 被花卉包围的　　▲ 别具一格的廊架，人性化地设置了休息座椅　　▲ 带水池的景墙
景观灯

## （4）铺装

　　铺装设计涉及材料的选择和铺贴方式以及色彩，最重要的是最后在地面上形成的图案造型。从空间上来看，铺装是二维平面装饰，但我们却可以通过铺装表面肌理来改变空间的界限、空间的气质，甚至是空间的尺度感。在实践中，大面积的广场通常被图案造型分割，采用不同的材料和色彩减小尺度感，以达到细腻的感受。常用的材料为砖、石材、木材等。铺砖除了要考虑美观，还要考虑实用性，铺装材料要具有耐用性、安全性、步行性、施工性等，比如雨雪天气铺装要防滑。

▲ 铺装参考图例

## 6. 居住区儿童活动广场的设计要点

　　儿童活动场所的景观作为居住区整体景观形象的重要组成部分，不仅是简单的表面美化设计，更重要的是要突出"以人为本"，体现出对儿童生理和心理需求方面的满足。

　　儿童需要良好的自然环境。儿童需要清新的空气、阳光、泥土的芬芳、绿色的大地等，需要无拘束的交流和被真诚地对待。大自然带给儿童的感官刺激是儿童学习的重要机会，聆听、触摸、味道、观察……都是儿童认识世界的第一步。

儿童需要符合儿童心理的生长环境。儿童是社会中特殊的群体，每个孩子都有自己的性格、自己的喜好，而且孩子的生理和心理都区别于成人，设计者必须用儿童的视角，做符合儿童心理的设计，活动场地未必是用最昂贵的材料建造的，甚至可能很粗糙、很原始，也可能是一个洞穴、一个土坡儿或者是一个活动的部件，一些惹人喜爱的颜色……这些都能够引起孩子们的兴趣。在提倡儿童进行群体活动，加强相互之间交往的同时，也应该注重孩子的心理需求，这对他们独立意识的培养也十分重要。儿童在2岁以前主要以单独游戏为主，很少结伴玩耍，随着年龄增长，儿童才会有合作和团队意识，会结伴玩耍，虽然群体活动逐渐增多，但他们仍然会有强烈的独立欲望，希望保持自己一定的"私密性"。因此，在活动场地设计中，通过空间处理，可进行适当的分隔，为不同年龄段的孩子提供不同的领域，让孩子在玩耍的同时找到归属感。

儿童需要安全的游戏环境，安全是所有问题的头等问题，也是家长所关心的问题。孩子的尺度不同于成人，不同年龄段的孩子存在着体能智能上的巨大差异，设计尺度是较难掌握的，而且儿童缺乏自我保护能力，因此，如何在设计中合理布局和安排较为安全的设施显得格外重要。

### （1）场地的选择

儿童游戏广场的设立可根据居住区的地形变化，设置下沉或抬升的游戏场地，这样容易形成相对独立、安全、安静的儿童游乐空间。

如果有机会能够在场地中遇见自然地形，尊重现有的地形，就可以大大加强和简化儿童活动场地的设计。相对于均匀和直线形状，儿童更热衷于不规则的形式，自然区域的可能性和本身就为设计者提供了充分的发挥空间。例如，利用水平变化加剧或软化斜坡，在不同的高度建立不同的区域，以满足孩子们喜欢想象的"冒险"、"迷路"、找到自己的方向、

▲ 土耳其某儿童游乐广场尊重了原有的地形，并加以利用，营造了丰富的空间层次，为儿童带来了十足的趣味性，也满足了儿童的探险心理

滚下山坡、在高低错落中捉迷藏或称"山大王"。即使场地从一开始不具备这样的条件，我们可以随时添加丘陵、斜坡、洞穴和各种其他元素的设计，为孩子们提供探索环境和不同空间的机会。但所有的布局必须充分考虑并符合儿童的尺度。

### （2）游乐设施

游乐设施是儿童活动场地的焦点，人性化的游乐设施能够满足大多数儿童的游乐活动。

①沙

所有时代和所有地方的孩子们都自然而然地喜欢玩沙子和泥。挖沙子，用沙子和泥土来建造对儿童来说是一件完美有趣的事儿。

②游乐器械

儿童普遍精力旺盛、好动、活动量大，但是缺乏耐性，对同一种玩具或游戏的持续时间较短，容易失去新鲜感，同时趣味性也会渐渐消失，最后不再关注。因此，儿童游乐场地要有较宽敞的活动面积，游戏设置尽量丰富。

游乐设施的形式应鲜明有特色，同场地的周边环境、地势相呼应，如果带有一定主题会更好。游乐设施应有足够的吸引力，让孩子们流连忘返。而功能应具备多样性，满足不同年龄段儿童的不同需求，提供多方位的游乐方式。游乐设施的色彩应针对儿童的心理加以考虑，采用明亮愉快的色彩，为儿童带来快乐的情绪。

▲ 通常是较小的孩子最喜欢玩沙子和泥，这就要求我们在设计的时候必须考虑监护孩子玩的成人，因此，在沙坑周围应设置座位、长椅或其他形式的休息设施。可以利用地势高差、栅栏、墙壁或灌木林形成一种空间分离，让他们同大孩子玩的场地分开，也营造了平静，舒适的环境

▲ 明亮欢快的色彩、有趣的曲线、集动静一体的场地受到孩子们的青睐

▲ 起伏的微地势搭配上一圈圈的"等高线"，真是妙趣横生

▲ 某儿童活动场地中的秋千，打破了传统的一板凳两根线的形式，使用了网兜式的秋千，造型新颖，能够满足多个孩子同时玩耍，在色彩上也考虑了儿童的心理喜好，使用了鲜艳的蓝色和橘色，醒目亮丽；使用编织材料，看上去温馨柔软、亲切自然。秋千摆放时，要注意摆幅的区域内不应有障碍物，同时也应设置一定的安全距离，保证儿童使用的安全性

### （3）绿化设计

绿化是儿童游戏空间非常有价值的设计要素，是必不可少的。我们要充分地利用不同类型的植物，如乔木、灌木、草本及水生植物等，使之互相搭配，发挥不同类型植物的特点和季相，营造丰富的立面层次、美丽动人的四维空间景观。

绿化设计在儿童游戏场景建造中要处理好以下几个关系。

①绿化应人性化，发挥生态效应

孩子们在活动场地中玩耍时，是面向自然的。茂密的植物能够改善空气质量，减少风和降低噪声，植物也是鸟类和其他小动物的自然栖息地。我们不但可以利用植物材料作为游戏设施、景观小品、休闲座椅的背景，而且可以创造"林荫型"的立体化绿化景观模式。良好的绿化环境直接满足了孩子们亲近大自然的要求，他们在绿地中进行活动、交流和观察。如果在场地中种植落叶植物，冬季阳光会穿透树冠，而夏季则确保大量的遮阳。如果种植果树，儿童会在时间变化当中得到第一手关于季节生命周期的知识。场地中所有植物的选择和配植都要适合儿童的尺度和心理，引起儿童的兴趣，不能选择有刺、有毒、具刺激性的植物，尽量合理配植，营造一个三季有花、四季有景、富有人情味的自然景观。

②绿化植物配植的艺术效果

绿化设计时，选配植物要巧妙地利用植物的体态、色彩、质地和习性等进行构图，形成错落有致、丰富婉转的空间立面效果，通过植物的季相及生命周期的变化，构成动态的四维空间景观。好的绿植设计能够通过四季的变化感染儿童，使儿童们有一个最佳的自然学堂。

## （4）水体设计

人都有亲水性，儿童可以通过水认识干、湿、沉、漂浮、温度变化等。由于自然水在场地中是很少能够见到的，因此在气候和资源允许的条件下，可以考虑使用人工造水。

在儿童活动场地我们可以建造溪流、沟渠、池塘、喷泉和喷头，从而获得极具吸引力的"湿"的游乐区，这些设施应享有其自己的源水，同时耗水量和疏散应该是可控的，最好是循环使用的。为了安全起见，儿童活动场地应使用干净的水，深度不超过 40 厘米。为了减少滑倒的危险，湿区的边界应明确界定，并且使用防滑材料建造。

通过桥梁和人行汀步能够营造水的感觉，这些元素随时都能够纳入儿童活动场地，因此，带不带水都能够被假想成河流。

▲ 某儿童亲水场地，设计师在入口处和游乐池周边栽种了大量树木，还加建了木头栅栏。蓝色的游乐场里还有许多水上玩具，色彩绚丽，造型可爱，充满童贞。当夜幕降临时，这片水上乐园就成为了装有可编程彩色 LED 灯的喷泉，为居住区提供了美丽的夜景

## （5）铺装设计

游乐场的地面要根据不同游乐设施铺设软质的橡皮、塑胶地面。堆沙坑当以细砂铺地，在地面铺装中，除了有一定构思的图案外，要考虑设施的实际情况，地面一般不宜太花哨，不宜搞那些五花八门的色块拼凑，因为游乐器具的色彩一般都比较鲜艳夺目，故地面铺装的色彩就不宜太复杂，宜用单色，简洁的色彩衬托游乐设施，以免色彩混乱，造成错觉，导致不安全因素。

### （6）小品设计

儿童活动场地雕塑设施、园林小品等要形象生动、造型优美、色彩鲜明，注重知识性、科学性、趣味性、娱乐性的有机结合，开发儿童智力和想象力。

▲ 澳大利亚 pod 游乐场给儿童提供了有趣、充满奇异色彩的活动场地，该场地的设计受到"世界100珍稀濒危植物"项目的启发，巨大的橡果木质小屋被固定在空中，巨大的山龙眼果也坐落在泥土中。在游乐场上利用创造性的元素，让孩子们在玩儿的过程中去接触美丽的树木，领悟生命的奥秘

## 项目实施

以下以北方某城市"锦园"小区入口广场为例，具体讲解小区广场景观的设计流程。

### 一、接受任务

下达任务书，讲授项目相关要求，组员进行分组，对项目进行初步的分析。拟定大致的工作进度计划表。

### 二、实地勘测

接受任务后，就要对项目的基地进行实地勘测，之后要整理以下几个方面的分析和记录。

- 对基地的现状要进行分析，如项目的具体位置、地形、景观匹配的周边建筑情况。
- 景观资源的分析：现有自然景观、植物品种和其具体位置等。
- 交通、区域分析：现有道路、出入口、广场等。
- 历史、人文景观分析：风格、整体的布局，是否有地方特色。

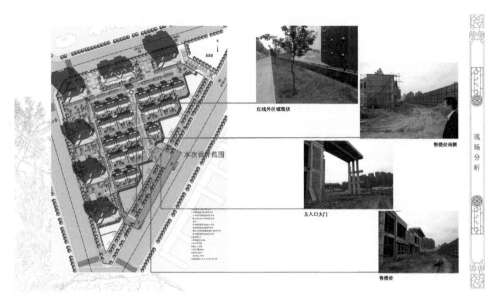

▲ 本方案位于辽宁沈阳，北纬41°，东经123°，属于北温带大陆季风性气候，四季分明，平均气温在7.9℃。红色区域为本次项目的设计范围，面积约为3000m²

通过场地照片，我们可以明确场地地形基本平坦，并呈狭长的矩形，建筑的基本造型为现代新中式风格

## 三、概念设计阶段

### 1. 整理好实地勘探的结果，开始确定方案的主题立意和风格

　　由于整个居住区建筑都均为新中式风格，所以广场的风格也定位为中式风格。建筑主体均为灰蓝色屋顶瓦、米色石材有机结合。外立面以仿古青砖、深褐色仿砖真石漆为主要基调，运用中式园林设计手法，恰如其分地表达中式园林的形、影、色、韵，打造一个高品质的中式园林住宅。

## 2.确定了风格和主题，就要正式开始进入概念设计阶段

概念设计应该由功能图解开始，用"泡泡图"的方式，将基地的情况和要素之间的关系表达出来。

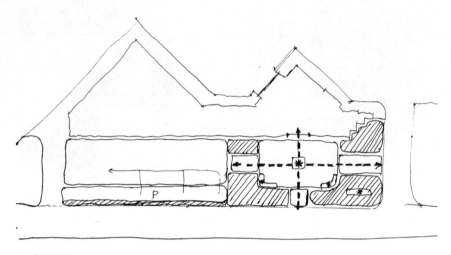

▲ 功能图解

# 四、方案设计阶段

## 1.对方案不完善的地方进行修改完善，并深化

## 2.根据草图绘制彩色平面

在功能图解完成后，对平面的布局要深入细化，此方案的地形较为狭长，为了满足使用功能，将其主要划分为入口部分、售楼处前小广场部分、停车场部分。入口部分和停车场部分要着重处理人流和车流的走向，使人车合理不混流。同时，处于中间位置的售楼处小广场作为此居住区入口处的核心景观场地，承担着比较重要的展示作用。小广场面积不大，如果需要在较小的空间内较好地表达中式风格，就要充分理解和运用中式园林造景的手法，如欲扬先抑、移步换景等。

同时要布置广场上的景观要素，如水体的位置、形状、绿植的设计、树种的选择和搭配、种植出的效果、季相都要能够显示出中式园林的魅力和中式园林的精神追求。整个小广场的铺装也要符合整个景观设计的需求，做到实用、细节精美，凸显文化内涵。

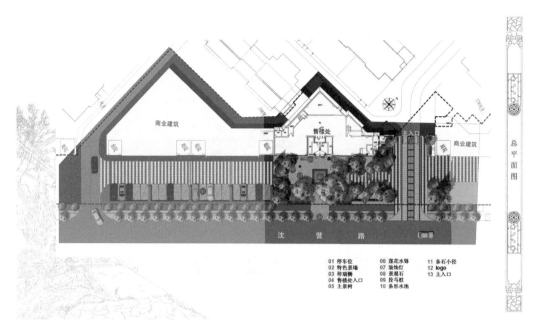

总平面图

| 01 停车位 | 06 莲花水钵 | 11 条石小径 |
| 02 特色景墙 | 07 装饰灯 | 12 logo |
| 03 祥瑞狮 | 08 景观石 | 13 主入口 |
| 04 售楼处入口 | 09 拴马桩 | |
| 05 主景树 | 10 条形水池 | |

▲ 总平面图应标注比例尺、指北针及设计的内容图例说明，在总平面图中还应绘制出设计范围与周边环境的关系

## 3. 彩色鸟瞰图

局部鸟瞰图

▲ 鸟瞰图能够比较直观地看到设计的整体效果，以及各部分设计内容之间的联系

▲ 鸟瞰图能够比较直观地看到设计的整体效果，以及各部分设计内容之间的联系（续）

## 4.总体景观设计分析图

总体景观设计分析主要包括功能分析、交通流线分析、设施分析、照明布置分析、绿植分析等。凡是有特别设计的地方都可以制作分析图，如有些特别的音响效果分析、温度分析等。分析图能够帮助客户更加清晰地了解项目的设计内容。

分析图可以将绘制好的彩色平面图进行去色处理，然后在黑白的平面图上用色彩鲜艳的范围或图例来标注想要表达的设计内容，也可以利用三维的形式来表达，这样会获得更直观和明确的视觉效果。

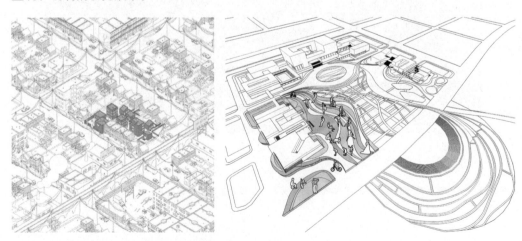

▲ 利用三维视图来进行方案的分析，会获得更佳的视觉效果

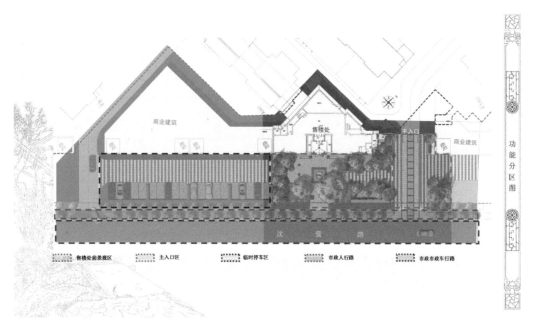

▲ 功能分析图

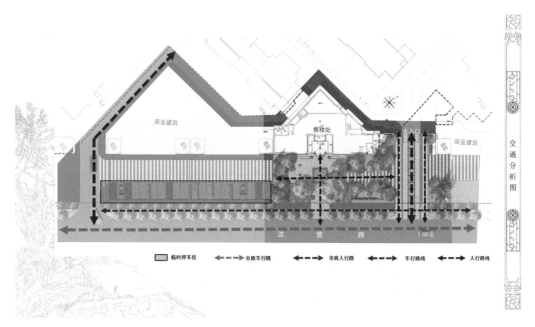

▲ 交通流线分析图

功能分析主要是将不同的功能区域用不同的颜色凸显出来，让客户一目了然

交通流线分析图主要是分析不同性质的道路，包括道路的走向、与广场及建筑入口的关系，同时也包括停车场

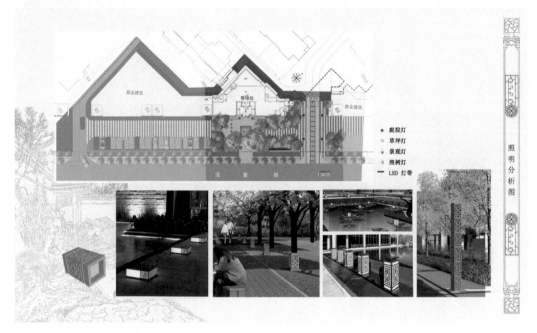

▲ 灯光分析图

灯光分析主要用来分析场地的照明位置和灯的种类

## 5. 主要景点的立剖面图

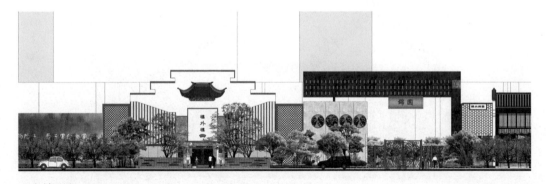

▲ 立剖面图

展示了景观建筑及其绿植之间的关系，也表达了人在空间当中的行为

## 6. 画出重要景点的透视效果图

效果图是很有力的工具，会帮助客户更清楚地了解方案的设计内容和效果，也方便设计师与客户的沟通和交流。

▲ 通过效果图能够了解到居住区入口的基本布局安排和整体风格

▲ 主体部分采用中式园林常用的造景手法——欲扬先抑，在小广场的周围采用景墙进行围合，同时采用中轴对称的手法，使整个空间稳重大方

◀在广场的正中央轴线上布置了水体，水体的形式考虑到空间的尺寸和所要营造的中式园林的意境，采用了水钵这种富有禅意的静水，水面漂浮数片荷叶和荷花。以小景观表达了中国自古以来的"出淤泥而不染"的高尚情操。水池周边的铺装也采用中国传统的回文纹样，并且利用瓦的排列组合创造了丰富的景观细节，对整个景观品质的提升起了很大的作用

◀展示了小广场通向东侧主入口和通向西侧停车场的小径，"曲径通幽""移步换景"是中式园林景观的意境和手法，利用植物营造丰富的立面层次，形成路转峰回的视觉效果。景观石的使用增添了景观细节，提升了楼盘品质

▲ 通过居住区的入口效果图,清晰地看出市政道路和主入口之间的关系,也能看到居住区的 LOGO 展示掩映在绿植中,书法字体结合中国花鸟绘画的 LOGO 处理,让中国的文化底蕴一览无余

▲ 主入口的效果图,展示了大门及护栏的样式,大门采用斗拱的造型形成梯级,稳重气派。两侧使用了"透景"的造景手法,运用了漏窗,让小区内的景色若隐若现地呈现,提升了整个居住区的吸引力

效果图

▲ 停车场使用植草砖，并间隔设置绿化，提高了整体的绿化率，让人心旷神怡，充满人文关怀

## 五、扩初设计阶段

### 1. 总平面图

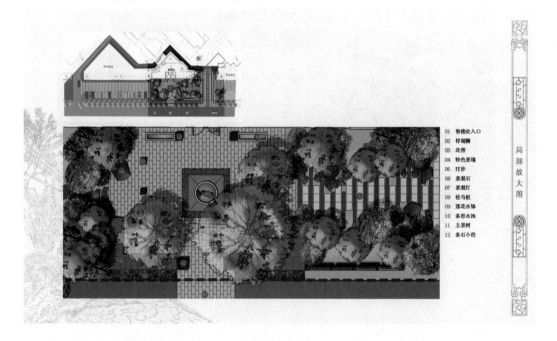

局部放大图

01 售楼处入口
02 祥瑞狮
03 花带
04 特色景墙
05 汀步
06 景观石
07 景观灯
08 拴马桩
09 莲花水钵
10 条形水池
11 主景树
12 条石小径

## 2. 植物配置思想与植物配置图、种植图、树木品种

▲ 植物配置思路示意图

▲ 植物明细表

## 3. 主要建筑物的平、立、剖面图和特殊做法及其示意图

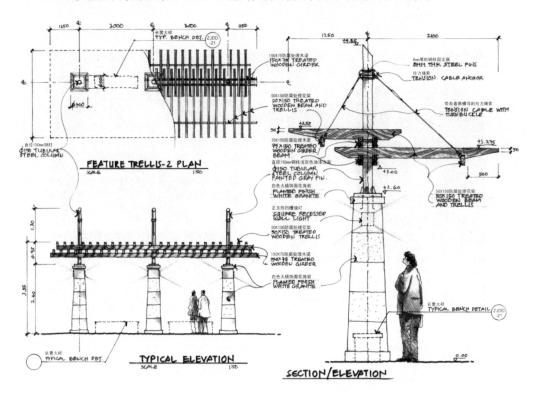

▲ 廊架的详图

▲ 也可以用相似的照片作为示意图，供客户参考

## 4. 道路、广场的铺装用材和图案

▲ 铺装意向图

## 六、施工图阶段

施工图阶段的图纸内容包括景观总平面图，详图索引图，定位尺寸图，竖向设计平面图，各种园林建筑小品的定位图，平立剖面图，结构图，铺装材料的名称、型号、颜色，园路、广场的放线图，铺装大样图，结构图等。

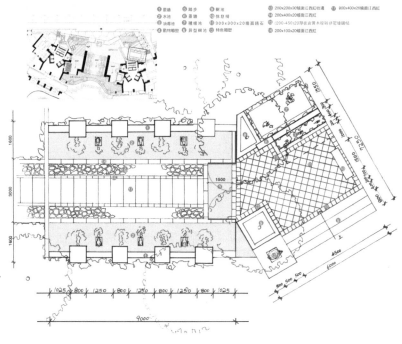

▲ 铺装详图

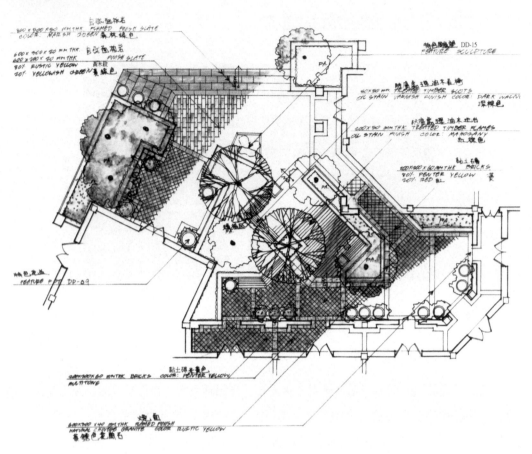

▲ 铺装详图

## 项目评价标准

| 序号 | 考核内容 | 考核的知识点及要求 | 考核比例 |
|---|---|---|---|
| 一 | 设计考察 | 1. 设计考察过程中，对相关信息的掌握能力<br>2. 设计资料收集与整理能力 | 10% |
| 二 | 工作技能 | 1. 设计总面积 3000m² 的居住区入口广场景观设计方案一套<br>2. 要求手绘表现与电脑表现相结合，制图规范，制作成设计方案文本<br>3. 具体图纸内容包括总平面图、分析图、立面图、效果图、节点图，并撰写设计说明书<br>4. 设计方案体现创意水平，布局合理，符合功能要求<br>5. 通过答辩阐述设计理念和创意角度，表达流畅，语言生动，思维清晰，逻辑性强 | 60% |

| 序号 | 考核内容 | 考核的知识点及要求 | 考核比例 |
|---|---|---|---|
| 三 | 职业素养 | 1. 工作态度与出勤情况<br>2. 设计工作沟通情况<br>3. 设计工作协调情况<br>4. 设计项目管理与调控能力 | 30% |
| 合计 | | | 100% |

## 项目总结

根据学生学习的整个过程中常出现的问题，归纳出以下几点作为总结。

1. 通过本次项目的训练，要能够掌握居住区广场景观设计的流程。

2. 在方案设计阶段可以依据"主题"作为方案开始的切入点。

3. 了解常用的基本尺度，合理地做出功能布局。

4. 绿植的合理搭配，注意立面层次关系和季相效果。季相图的绘制不是简单的变化色彩，也要注意树的形态的变化。

5. 主题的概念贯穿始终，通过空间布局、广场景观要素的精心设计等体现文化内涵。

6. 绘制图纸时注意规范性。

7. 绘图软件之间的灵活衔接和运用，如 CAD 与 SU 之间的图纸转换，PS 对 SU 后期的处理，以及 SU 与 LU 之间的转换等。

8. 展册制作符合主题的选择，制作精良且具美感。

## 课外拓展性任务与训练

1. 组织学生外出考察所在地的居住区广场，并撰写考察报告

在考察时，要求学生针对广场要素及细节进行拍照，回来后进行归纳总结，可以将不同的居住区进行对比。帮助学生理解广场景观要素的处理和景观背后的文化内涵。

2. 通过书籍或互联网查找相应类型的居住区广场案例，并加以分析

要求学生大量阅读优秀的方案，可以针对较好的方案处理手法进行记载，可以是手绘的，也可以是电子版的。

# 办公区广场
# 景观设计

办公区广场是由办公建筑、道路等围合而成的，兼具商业性与社会性的设计产品。随着时代的飞速发展，办公活动不仅成为我们生活中不可割舍的一部分，而且其内涵与外延再次扩张，它从单一的形式转化为多样的形式，被赋予了更多的精神层次的含义。办公环境开始与餐饮、健身、娱乐、游憩等功能相结合，呈现多功能复合化空间，以满足人们的需求。

## 项目目标

本次项目为华新景观设计有限公司的广场，面积约为 $1800m^2$，项目地点位于北方城市。本方案要求能够体现景观设计公司的风采，打造一个充满人文关怀，为员工提供舒适的办公环境，同时能彰显企业文化的内涵。

要求在规定时间内完成华新景观设计有限公司广场的景观设计，具体包括以下内容。

- 办公区广场景观设计方案文本一套，A4 大小。
- 要求制图规范，手绘表现与电脑表现等多种表现方式相结合，制作精美。
- 具体图纸内容包括总平面图、局部放大图、分析图、立面图、效果图、节点图，并撰写设计说明书。
- 设计方案体现创意水平，布局合理，符合功能要求。
- 通过答辩阐述设计理念和创意角度，表达流畅、语言生动、思维清晰、逻辑性强。

## 项目分析

通过本次项目的训练，使学生能够掌握办公区广场景观设计的流程，以及在不同阶段中需要完成的设计内容。办公空间景观设计的功能需求及人性化设计是本次项目训练的重点和难点。如何利用景观要素设计体现人性化和内涵也是本次项目训练的重点。同时要求学生提高阅读量，开阔眼界，拓宽设计思维。

## 相关知识

### 1. 办公区广场景观的分类

进行办公区广场设计前，要了解企业的性质和地理位置，这些都是制约办公区广场景观的因素。

#### （1）按照性质分类

按照性质可分为以下几种。

①行政办公景观

行政办公景观即政务性办公景观，政府机关、机构团体、单位等的行政管理办公。行政办公景观设计多以民主、公正为主题，表现出亲和力、秩序和包容度。

▲ 某创业服务中心的办公区广场，整个广场的布局大方稳定，矩形在布局中多次重复使用，形成秩序感。雕塑的大小充分地考虑了广场整体的尺度和体量，与水体的结合成为整个广场的视觉焦点

②科研办公景观

科研办公建筑是提供针对产品技术的研究和开发行为的办公建筑类型。科研办公景观是集工作、生活、娱乐等多功能于一体的园区，与一般性企事业单位的行政管理办公用地有一定的交叉。同时该类型的办公景观环境又可以作为展示形象和表达理念的空间。

③综合商务办公景观

综合商务办公景观是办公、休闲娱乐为一体的办公模式，多以商业办公为主。综合的商务办公景观即同时具有商业、金融、餐饮、娱乐、公寓及办公综合功能的办公楼的附属广场景观。

▲ 美国 Simons 几何物理中心

综合商务办公景观的设计需要响应快速、便捷的工作方式，满足不同性质行业的单位及工作者需求，常见于繁华的城市中心，商业办公景观建设的意义不仅在于为工作者提供舒适的工作环境，还对使用者生活方式具有很大的影响，是城市时尚的风向标，一定程度上体现了城市中年轻一代的生活、工作需求，因此，商业办公环境应该具

▲ 世界著名建筑事务所扎哈·哈迪德团队设计的北京银河 SOHO

有时代性和前瞻性，注意时尚气息的注入，强调创新性、体验性，尽可能提供较多的休憩娱乐场地。

### （2）按照地理位置

按照地理位置可分为以下两种。

①中央商务办公区

▲ 城市中的 CBD 夜景

中央商务办公区即 CBD（Central Business District），城市中的 CBD 大多都是高楼林立，寸土寸金，由于外部空间比较有限，企业往往选择设置景观广场，将企业形象展示、绿化、交流、休闲等功能融入进去。

②经济开发区

经济开发区是国家划定适当的区域，同时给予扶植和优惠待遇，使其经济得以迅速发展的区域。它是一个泛指的说法，是经济技术开发区、高科技工业园、高新技术开发区、各类产业工业园的一种通称。

经济开发区土地相对宽松，一般地块面积较大，配套设施齐全，功能更为完善，更利于满足多种景观设计形式，如大面积水体、丛林等。其场地条件为景观设计提供了较开阔的空间。

▲ 谷歌总部的广场景观

▲ 江苏苏州工业园行政中心的广场景观

## 2. 办公区广场景观设计的要点

### （1）边界设计

园区边界的处理方式主要有 3 种。

- 利用人行道和绿化带形成的开放式边界设计，此种类型的边界设计出入便捷，但安全性及美观性较弱。

▲ 开放式边界

- 利用草坪、树木或微地势构成的柔化边界，此种形式的边界设计，美观性较强，具有较好的私密性，有效地减少外界噪音，但安全性较弱。

▲ 柔化边界

- 利用树篱、围栏或墙壁形成的封闭式边界设计，此类型的边界设计能够避免外界进入，有较强的安全性，能够减少办公区的维护成本。

▶ 封闭式边界

目前，较多的办公园区边界采用封闭式设计，并在大门设置保安，有利于保障员工的安全，减少园区的维护费用。为大众服务的办公楼往往使用开放式边界。边界的设计要根据不同的特点和功能，对园区的不同需求进行分析，不可随意设计。

## （2）大门

大门是办公企业的重要标志，它决定了企业的门面和给人的第一印象。大门的风格一般都和主题建筑的风格相一致，能够体现一定的主题性。大门的设计要关注大门与标识物、围墙、树篱的协调性，避免千篇一律、无特色。

▲ 不同形式的大门

## （3）道路

①机动车道

机动车道主要集中在办公园区的边缘，中心区较少，其目的是利于人车分流，保障安全。

②自行车道

自行车以健身、节能、省时间的优势深得人心，自行车不再是校园的专属，在办公区内也深受青睐。因此，在设计时应该考虑自行车道的设计，通过对路面的设计合理地控制车速，并设置安全防雨的自行车停放处。

▲ 针对自行车设置的自行车停放处

③步行道

步行道一般宽度为 600 ~ 1200mm，为了营造充满野趣的小径最窄可以到达 300mm，其倾斜角度是 3%，大于 5% 时会产生不舒适感。人们正常行走的时速是 5.6 ~ 6.4km/h，人们行走的最舒适距离为 400 ~ 500m，但是如果一条 500m 长的道路平直单调，无景可赏，那么就会在心理上加长道路，让人感觉疲劳。可以通过以下几种方式改善这种情况。

a.适当改变铺装的材料和铺地的样式，不同的材料会影响路面功能及脚底触感。

▶ 木质材料温暖舒适，卵石道路则给人柔软自然的感觉

▶ 在道路的交叉口或转折处，道路铺装的改变能够起到引导提示的作用

b. 道路两侧的植物搭配产生变化。

◀ 植物的变化能够带来视觉和心理感受的变化

## （4）停车场

停车场首先应该满足便捷性，能够快速地到达园区的主要建筑。车位的数量应根据可供场地的实际情况来适宜设置，尽可能集中，同时应该具有明确的指示和照明系统。

停车场尽可能利用高大乔木和灌木进行围合，形成绿色的屏障，打造绿色、美观的停车场。

▲ 被高大乔木围合的停车场不仅能够获得较好的绿荫，也能够在不同季节提供视觉上的美

## （5）植物

植物不仅可以美化环境，维持生态，还可以用来创造不同的空间格局，营造不同的空间氛围和人文精神。

▲ 利用植物围合打造出多个小空间，让人觉得既亲切，又有安全感

▲ 孤植的枫树、圆形的草坪营造了宁静的气氛，也凸显了企业对人文精神的追求

▲ 各种植物与铺装要素结合，创造了丰富迷人的细节

▲ 本土植物具有强而有力的表现力，最能够凸显地域文化

## （6）水体

水是表情最丰富的景观要素，它可以活泼欢快，可以平静深远，还可以发出天籁之音……水体的可塑性强，可以渲染气氛，调节人们的心情。水景的形式可以根据场地的条件，设计多样化。

▲ 入口处的叠水景观为整个环境带来了朝气蓬勃的活力

▲ 喷泉总是能够轻易地成为视觉的焦点，活泼的喷泉能让人身心放松。喷泉的布置可以根据场地条件设计成不同的形状和样式

▲ 亲水性是人类的本能，人们总是喜欢围绕在水体周围进行放松休闲的活动

▲ 小面积的水体，造型独特新颖

◀ 大面积的静水营造了安静的基调，能够为室内外的工作者带来平和的心境，缓解疲劳，亲近自然

## （7）小品

　　小品是整个景观环境的点睛之笔，小品形象的塑造大多结合企业的理念和精神。它可能会结合企业的历史沿革，也可用现代夸张的手法弘扬企业的创新和活力。小品的引入不

仅仅能够创造具有文化内涵的景观空间，也能够给员工带来自豪感和归属感，增加凝聚力，同时也能够起到对外宣传的作用。

▲ 某办公环境的中心广场雕塑，造型宛如新生的叶子，积极向上，充满生命力

▲ 通用磨坊公司总部的巨大雕塑，以镂空的处理手法凸显出人物形象，生动趣味性十足，超大的尺度也符合场地的情况

### （8）运动和娱乐场所

为员工提供健身和娱乐场所是人性化的体现，也是企业不可推卸的责任。适当地进行运动和娱乐能够有效地提高工作效率，促进团队精神。

▲ 设计时可以选择集体运动的方式，可以在运动及娱乐活动时促进团队精神

## 3. 关注办公人员的心理行为

### （1）生理需求

适宜的环境是保证人们正常工作与思考的必要条件。

- 清新的空气能使人心情愉快，不佳的空气可能引发头痛、呼吸道疾病等，进而影响工作效率。办公环境无论是室内还是室外，都应合理布置绿化，创造良好的空气品质。

- 噪声通常给人不适感，但是，隔绝所有声音会使人们出现心情烦乱、空虚害怕之感。轻微的噪声不仅有利于工作者高效投入工作，还有利于缓解工作中产生的压力。因此，可以设置树林的鸟鸣声、水体的流动声来释放工作者的压力，使其精力更集中。

- 人类认知世界，有 80% 的信息来自视觉，视觉对人的思维产生重要的影响。优美的景观是人们在工作之余的视觉休息点，让人们从视觉刺激中消除紧张感和视觉疲劳。可以利用景观要素来创造视觉焦点，从而带来身心的愉悦。

▲ 优美的休闲环境

### （2）心理需求

①自我价值的实现与尊重

自我实现与受到尊重的需求通常使人对自身价值有坚定的信念，能够信心十足地面对生活，这种动机并非填补空虚的外在价值，而是更富意义的内在价值。工作人员对心理健康的重视更表现出人们在工作中对自我实现的需求以及被企业及他人承认并受到尊重的需求。

②沟通和交往

人们从事工作不仅是为了获得金钱和看得见的成就，对大多数员工来说，工作还满足了他们社会交往的需要。从环境设计角度而言，为人们创造舒适的交流空间，提供更多的交流机会，并在其中得到自我实现和获得尊重，这一点至关重要。

办公环境中的沟通分为协作、偶遇性的非正式沟通和继发性沟通。研究表明非正式沟通和继发性沟通往往比正式沟通更加有效，如用餐时间、休息时间，

▲ 围合的庭院式小空间，可以为人们提供食物和饮品，为人们的沟通提供更舒适的环境

因此，我们应该在设计中加入特色的茶吧、咖啡厅、餐厅、围合庭院等，为员工沟通提供机会。

③释放心理压力、缓解疲劳、身心放松

现代的上班族长期进行电脑操作，视觉疲劳、情绪紧张，相应的"颈椎病""鼠标手"等疾病日益增多。市面上"暴打老板""办公室发泄"等小游戏的风靡也折射出上班一族的工作压力。可见释放工作压力、缓解疲劳和紧张情绪是员工重要的心理需求。

④私密性

员工的私密性不仅仅限于室内，在室外小憩或者思考时都希望不被打扰，而人们同时又希望在隔绝干扰时依然能支配自己的环境，在需要时保持与他人的接触。

⑤向往自然

人类本身就有亲近自然的本能，人们喜欢在充满阳光、空气新鲜、绿化美丽、水体清澈的地方停留，自然的景色对人类也有着不可估量的价值和治愈力量，优美的自然景色能够消除疲劳、抚平情绪、激发人们向上的活力。

## （3）行为

与其他广场相同，办公区广场中的人们也存在着距离，依靠性，安全点，靠右行、走捷径等这样的心理行为。

①距离

距离可以分为亲密距离、个人距离、社会距离和公共距离。46cm ~ 61cm 是一个私人空间；76cm ~ 122cm 的距离最适合讨论问题；122cm ~ 2131cm 则是与领导或同事谈论公事的最佳距离，如果大于这个距离范围，会让对方觉得你的态度不认真，小于范围46cm ~ 61cm 会有逼迫之感。213cm ~ 366cm 是和非亲密朋友交谈的较佳距离空间。

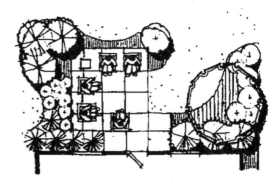
▲ 人们交谈过程中习惯 90° 角的坐法

②安全点

安全点就是既能让人能观看他人活动，又与他人保持一定距离的地方，从而使观看者舒适泰然。

③依靠性

人们总是习惯靠在或坐在身边方便的设施上。如靠在灯杆上或者栏杆上，又或者坐在台阶上。

④靠右行、走捷径

中国人有靠右行走的习惯，而且也容易抄近路，选择最短路径行进，在设置路线时尽可能满足人们的这一心理习惯，如果路口转角处发生走捷径的问题，可以通过种植灌木、浓密的乔木，或设置景观墙等方式限定人们的行走路径。

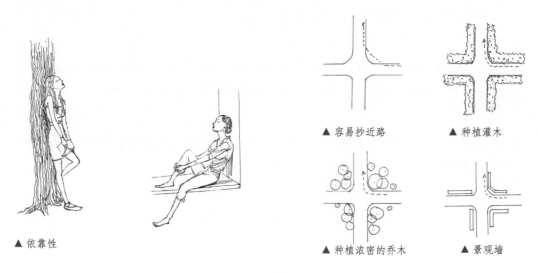

▲ 依靠性

▲ 容易抄近路　　　　▲ 种植灌木

▲ 种植浓密的乔木　　▲ 景观墙

## 4. 办公区广场的功能要求

### （1）交通流线设计分析

在交通流线组织设计时，人车分流可使各种功能区免受机动车的干扰，是保证景观达到较高质量的基础和前提。

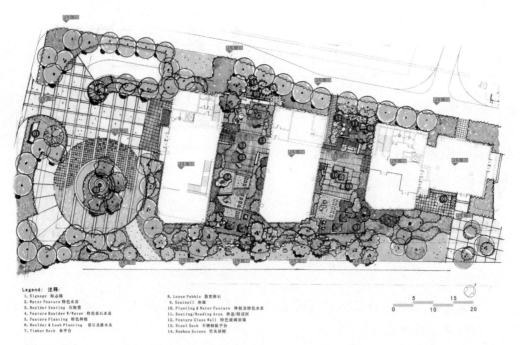

Legend：注释：
1. Signage 标志墙
2. Water Feature 特色水景
3. Boulder Seating 石滩凳
4. Feature Boulder W/Water 特色景石水景
5. Feature Planting 特色种植
6. Boulder & Lush Planting 景石及灌木丛
7. Timber Deck 木平台
8. Loose Pebble 散装摆石
9. Seatwall 座墙
10. Planting & Water Feature 种植及特色水景
11. Seating/Reading Area 休息/阅读区
12. Feature Glass Wall 特色玻璃屏墙
13. Steel Deck 不锈钢板平台
14. Bamboo Screen 竹丛屏障

▲ 上海某办公区广场的总平面图，可以看到有三座办公楼。入口和三座办公楼之间形成了三个主要的空场地，其中最左边的广场主要作为交通广场，分散人流和车流；而后两个小广场则是为员工提供放松休憩的地方

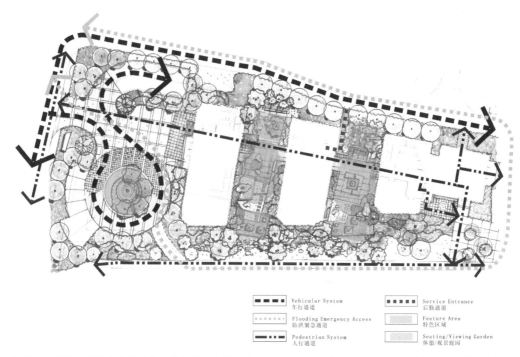

| | | | |
|---|---|---|---|
| ▬▬ ▬▬ | Vehicular System<br>车行通道 | ▬▬▬▬ | Service Entrance<br>后勤通道 |
| ○○○○○ | Flooding Emergency Access<br>防洪紧急通道 | | Feature Area<br>特色区域 |
| ▬▬▬▬ | Pedestrian System<br>人行通道 | | Seating/Viewing Garden<br>休憩/观景庭园 |

▲ 交通分析图，蓝色为车型通道，紫红色为人行通道，可以看到只有在主入口处有一处人车交叉，其余的整个场地中人流车流都是分开的。车流可以选择在环岛绕行进入地下车库，后面主要的办公景观区没有被机动车辆分割或干扰。而且车流通过的环岛也布置了丰富的水体景观

### （2）绿色停车场

停车场的总体设计形式要与园区整体结构呼应，强调统一性和协调性。车位的数量应满足使用的需求。停车场行车流线清晰，尺度合理。停车场的铺装可以采用混凝土或者植草砖，尽可能使用绿色停车，每隔几个车位可种植冠幅较大的乔木，以起到遮阴作用。乔木和灌木等植物的运用不仅能美化环境，降低热辐射，而且也能够吸收一定的尾气，提高空气质量。

▲ 形式各异的绿色停车场

▲ 形式各异的绿色停车场（续）

### （3）空间的层次（空间的私密性问题）

办公区广场承载着员工的休息和交流。工作人员在休息中进行人际交往、情感交流、思维的碰撞，从而减轻工作压力，疏导焦虑、疲劳、烦躁情绪，同时在相互的交流中能够获得人与人之间的尊重。因此，办公区广场是人们满足心理需求的重要场所。

空间环境应合理把握其空间尺度，过大或过小都会对人产生心理上的压力。尺度过大就会使人们失去安全感，无法停留；太小则会使空间压抑。

在办公区广场，要根据人们使用时的聚散情况，利用"交往距离"来划分过大空间或进行围合，形成私密程度不同的领域，将广场空间做出丰富的层次，达到根据空间的多样性和可选择性来符合人们心理与生理上的需求。

整个广场上既要有内向的私密空间，也要有外向的公共聚会场所。一个人性化的办公区广场设计要达到私密性与公共性的平衡。

空间的开放程度取决于空间的围合程度，空间的围合、划分主要有两种方法。

①通过立面方向的围合

利用植物、隔断、墙体对空间进行围合，形成高低不同的屏障、限定。

②通过平面的变化

通过铺装材质的改变形成心理上的空间区分，也可以通过基面的抬高或降低形成限定的区域。

▲ 利用植物和隔断及墙体形成屏障，来围合空间，使其变成适合不同需求的空间层次

▶ 植物和基面材料、高低的变化将空间分隔成若干个私密空间，更适合三三两两的少数人群交流

▲ 铺装的变化在人的心理上产生领域边界　　▲ 利用高低不同的基面创造了丰富的私密空间，植物的围合也使空间边界更为清晰

◀ 草坪、石材、木质平台用自身不同的质感将大空间划分成不同功能的小空间，使人在其中感觉亲切舒适

### 5. 企业文化的展示

　　良好的企业文化不仅能够增加员工的荣誉感和归宿感，满足自我实现与被尊重的心理需求，同时也能够增加外来人对企业的认可度，以及企业在社会的影响力。因此在办公区广场设计中注意加入企业文化的展示。

◀ 美国 Google 公司总部的广场绿化，将公司的名字"Google"中"oo"作为设计要素，设计了花坛，并且大小不等、活泼有趣，很好地彰显了谷歌公司"认真玩乐"的企业理念，确保乐趣和工作室空间共存的初衷

▲ 泰国广播公司总部的广场将公司的标识融合在景观墙里，企业文化的彰显不言而喻

▲ 小面积的静水以同心圆的形式组织在一起，成为醒目的视觉焦点，同心圆的中心凝聚力也代表了企业的精神追求

## 项目实施

以下以沈阳华新景观有限公司广场为例，具体讲解办公区广场景观的设计流程。

### 一、接受任务

下达任务书，讲授项目相关要求，组员进行分组，对项目进行初步的分析。拟定大致的工作进度计划表。

### 二、实地勘测

接受任务后，就要对项目的基地进行实地勘测，之后要整理以下几个方面的分析和记录。

- 对基地的现状要进行分析，如项目的具体位置、地形、景观匹配的周边建筑情况。
- 景观资源的分析：现有自然景观、植物品种和其具体位置等。
- 交通、区域分析：现有道路、出入口、广场等。
- 历史、人文景观分析：风格、整体的布局，是否有地方特色。

### 三、概念设计阶段

#### 1. 整理好实地勘探的结果，开始确定方案的主题立意和风格

由于整个办公建筑均为现代风格，广场的风格也定位为现代风格。建筑主体为深灰色，入口处为米色石材。外立面造型有较浅的突出，基本较为平整。整个办公区的广场为封闭式，根据客户要求，办公区广场设计要能够凸显公司行业特征和企业文化，并且能够为员工提供舒适的办公环境。

项目名称：沈阳华新景观设计公司办公空间设计

项目位置：沈阳市浑南新区天赐街5号

项目面积：总面积约为24000平方米，建筑面积约为4200平方米。

气候类型：沈阳位于中国东北地区南部，辽宁省中部，以平原为主，属于温带季风气候。

受季风影响，降水集中在夏季，温差较大，四季分明。冬寒时间较长，近六个月，降雪较少

春秋两季气温变化迅速，持续时间短：春季多风，秋季晴朗。

华新景观公司办公空间设计

▲ 本方案的地理位置位于辽宁沈阳，北纬41°，东经123°，属于北温带大陆季风性气候，四季分明，平均气温为 7.9℃。红色区域为本次项目的大致位置，面积约为 1800m²

通过场地照片，我们可以明确场地地形基本平坦，并呈狭长的矩形。建筑的基本造型为现代风格

## 2. 确定了风格和主题，就要正式开始进入概念设计阶段

概念设计应该由功能图解开始，用"泡泡图"的方式，将基地的情况和要素之间的关系表达出来。

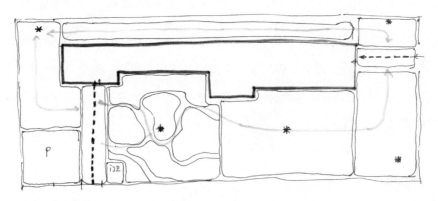

▲ 功能图解

- 考虑出入口的位置，保证出入便捷。临时停车场设置在广场一侧，与人行入口分离，方便外来人员停车，同时也避免了车流入内造成车、人混流的现象。
- 景观符合公司员工精神需求和文化需要的广场空间。

在空间中有对企业文化和景观专业的诠释，使员工在景观中得到荣誉感和归属感。

还要为员工提供放松休闲的空间，注意空间层次，考虑私密性和公共性的平衡。动静分开。

● 人性化的设施和广场的亲切感。

## 四、方案设计阶段

### 1. 对方案不完善的地方进行修改、完善和深化

### 2. 根据草图绘制彩色平面

在功能图解完成后，对平面的布局要深入细化，此方案的地形中规中矩，且较长。为了将企业追求的精神——"以人为本"充分体现，给员工提供舒适放松的环境，着重考虑了广场尺度带来的空间感受，将员工休憩部分进行空间层次划分，保证私密性和公共性的平衡。广场的绿植景观承担着重要的专业展示作用，因此在整个广场的中心位置设计了以植物为主的景观花园，精心布置了植物种类，以微地势营造了迷人的绿植层次，也将景观公司的专长展现出来。同时要组织好广场上的景观要素，利用各要素围合出尺度适宜的不同层次的空间，释放员工的压力，激发员工的创作灵感。

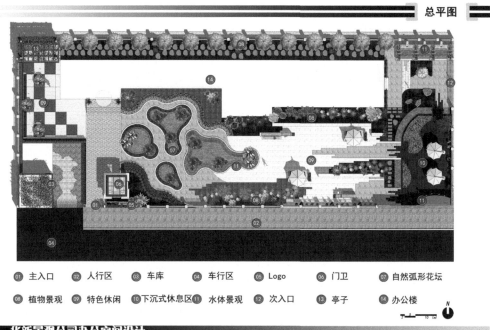

总平图

01 主入口　02 人行区　03 车库　04 车行区　05 Logo　06 门卫　07 自然弧形花坛
08 植物景观　09 特色休闲　10 下沉式休息区　11 水体景观　12 次入口　13 亭子　14 办公楼

华新景观公司办公空间设计

▲ 总平面图应标注比例尺、指北针及设计的内容图例说明，在总平面图中还应绘制出设计范围与周边环境的关系

## 3. 彩色鸟瞰图

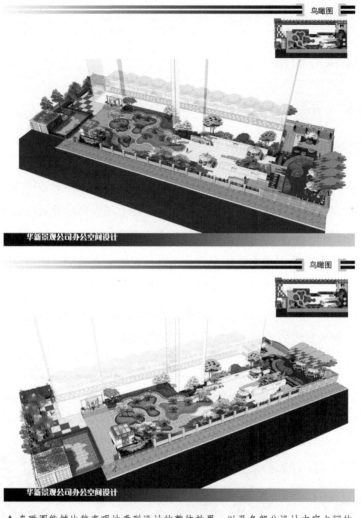

▲ 鸟瞰图能够比较直观地看到设计的整体效果，以及各部分设计内容之间的联系

## 4. 总体景观设计分析图

总体景观设计分析主要包括功能分析、交通流线分析、设施分析、照明布置分析、绿植分析等。凡是有特别设计的地方都可以制作分析图，如有些特别的日照分析、温度分析等。分析图能够帮助客户更加清晰地了解项目的设计内容。

分析图可以将绘制好的彩色平面图进行去色处理，然后在黑白的平面图上用色彩鲜艳的范围或图例来标注想要表达的设计内容。也可以利用三维的形式来表达，这样会获得更直观和明确的视觉效果。

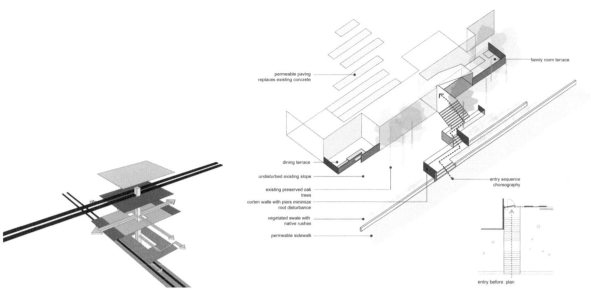

▲ 利用三维视图来进行方案的分析，会获得更佳的视觉效果

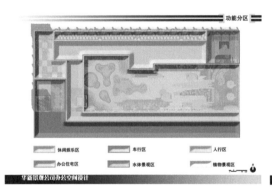

▲ 功能分析图

功能分析主要是将不同的功能区域用不同颜色凸显出来，让客户一目了然

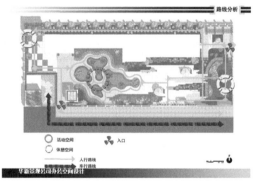

▲ 交通流线分析图

交通流线分析图主要用来分析不同性质的道路，包括道路的走向、与广场及建筑入口的关系，同时也应包括停车场

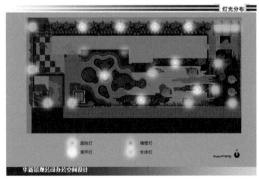

▲ 灯光分析图

灯光分析主要是用来分析场地的照明位置和灯的种类，灯的种类和造型可以通过与之相似的实景照片表达

# 5. 主要景点的立剖面图

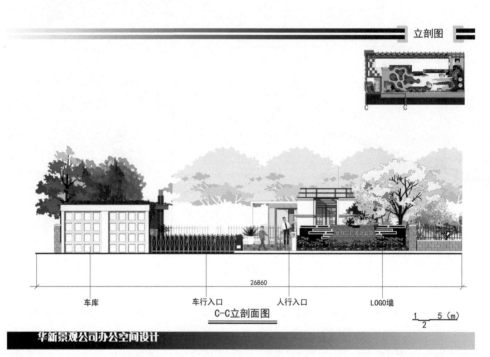

立剖图

26860

车库　　　　　　车行入口　　人行入口　　　　LOGO墙

**C-C立剖面图**

1　5（m）
2

**华新景观公司办公空间设计**

▲ 展示了入口背景墙、门卫建筑及其绿植之间的关系，也表达了人在空间当中的地位

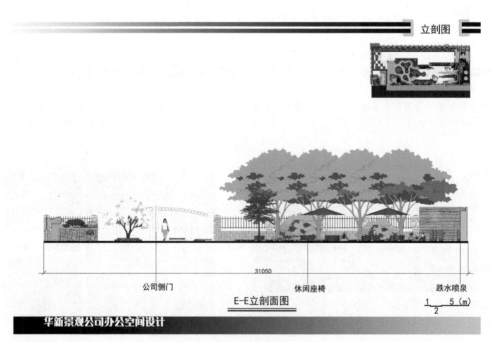

立剖图

31050

公司侧门　　　　　　　　休闲座椅　　　　　跌水喷泉

**E-E立剖面图**

1　5（m）
2

**华新景观公司办公空间设计**

▲ 表达了广场次入口、围墙和植物的关系，也表达了休闲空间在广场上的安排以及人在空间中的地位

## 6. 画出重要景点的透视效果图

效果图是很有力的工具，会帮助客户更清楚地了解方案的设计内容和效果，也方便设计师与客户的沟通和交流。

▲ 通过效果图能够了解主入口的基本布局安排和整体风格

▲ 局部鸟瞰图可以直接地看到绿化组团的布置，以及植物之间的层次关系

效果图2

华新景观公司办公空间设计

效果图

华新景观公司办公空间设计

◀效果图展示了绿化组团的安排和微地势的处理，布局的迂回遮挡给空间带来"柳暗花明"的新鲜感

局部鸟瞰

华新景观公司办公空间设计

◀局部鸟瞰图展示了整个广场中部，这是整个广场的公共区，视线较为通透。为了符合人的心理需求，在空间中设置了带水体的景观墙，结合植物为员工提供了可休闲散步的活动场所

▲ 人们都不喜欢暴露在众目睽睽之下，借助景观墙形成员工们活动的心理依靠，植物也为场地带来凉爽的树荫和完美的屏障

▶ 局部鸟瞰图和效果图展示了广场的次入口、供员工休闲的私密小空间，也展示了与广场中部区域彼此渗透和延伸

效果图

◀ 局部鸟瞰图和效果图（续）

华新景观公司办公空间设计

## 五、扩初设计阶段

### 1. 总平面图

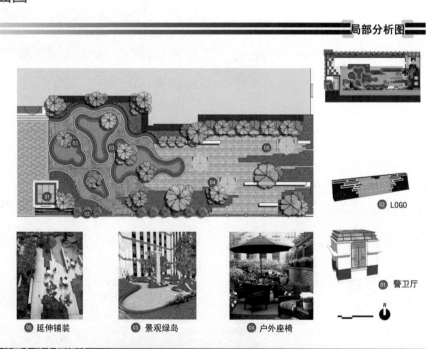

局部分析图

02 LOGO

01 警卫厅

05 延伸铺装　　03 景观绿岛　　04 户外座椅

华新景观公司办公空间设计

## 2. 植物配置思想与植物配置图、种植图、树木品种

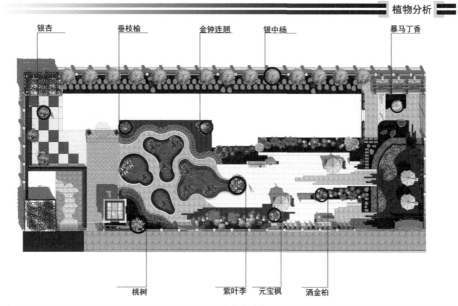

▲ 植物配置图

▶ 植物配置图

**苗木表**

| 名称 | 拉丁学名 | 花/果期（月） | 株数（棵） | 高度（cm） |
|---|---|---|---|---|
| 01. 银白杨 | Populus alba | 4-5 | 25 | 1500-3000 |
| 02. 沈阳桧 | | | | 1500 |
| 03. 山桃 | Prunus davidiana Franch. | 4-5 | 2 | |
| 04. 银杏 | Ginkgo biloba L. | 10 | 3 | 1000-2500 |
| 05. 榆 | Ulmus pumila Linn. | 3-4 | 6 | |
| 06. 元宝枫 | Acer truncatum Bunge | 9 | 3 | 1000 |
| 07. 山楂 | Crataegus pinnatifida Bunge | 9-10 | 2 | 600 |
| 08. 暴马丁香 | Syinga reticulata var. | 8-10 | 4 | 1500 |
| 09. 垂枝榆 | Ulmuspumilacv.Pendula | | 12 | |
| 10. 金钟连翘 | Forsythia intermedia Zabel | 3-4 | 4 | |
| 11. 酒金柏 | Sabina chinensis(L.)Ant.cv. | | 8 | |
| 12. 野蔷薇 | Rosa multiflora Thunb. | 5-6 | ——— | |
| 13. 紫叶小檗 | Berberisthunbergiicv. | 4 | | 200-300 |
| 14. 红瑞木 | Swida alba Opiz | 8-10 | 20 | 300 |
| 15. 紫藤 | Wisteria sinensis (Sims) | 5-8 | ——— | |
| 16. 沙地柏 | Sabina vulgaris | ——— | ——— | 不及100 |
| 17. 红王子锦带 | Weigelafloridacv.RedPrince | 5-7 | ——— | 150-200 |

华新景观公司办公空间设计

◀ 植物明细表

## 3. 主要建筑物的平、立、剖面图和特殊做法及其示意图

**节点**

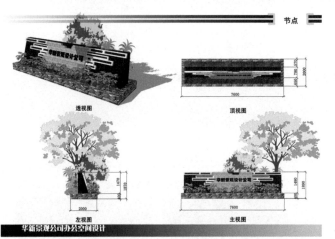

透视图　　　顶视图

左视图　　　主视图

华新景观公司办公空间设计

◀ 入口背景墙的节点图

## 4. 道路、广场的铺装用材和图案

**铺装分析**

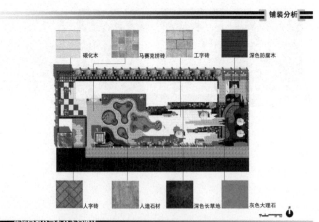

碳化木　　马赛克拼砖　　工字砖　　深色防腐木

人字砖　　人造石材　　深色长草地　　灰色大理石

华新景观公司办公空间设计

◀ 铺装意向图

## 六、施工图阶段

施工图阶段的图纸内容包括景观总平面图，详图索引图，定位尺寸图，竖向设计平面图，各种园林建筑小品的定位图，平立剖面图，结构图，铺装材料的名称、型号、颜色，园路、广场的放线图，铺装大样图，结构图等。

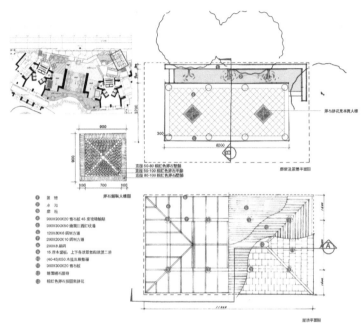

▲ 廊架及景墙详图

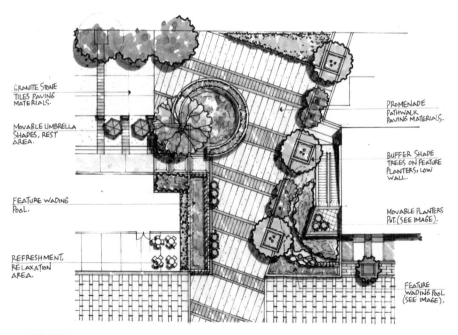

▲ 铺装详图

## 项目评价标准

| 序号 | 考核内容 | 考核的知识点及要求 | 考核比例 |
|---|---|---|---|
| 一 | 设计考察 | 1. 设计考察过程中，对相关信息的掌握能力<br>2. 设计资料收集与整理能力 | 10% |
| 二 | 工作技能 | 1. 设计总面积 1800㎡ 的办公区广场景观设计方案一套<br>2. 要求手绘表现与电脑表现相结合，制图规范，制作成设计方案文本<br>3. 具体图纸内容包括总平面图、分析图、立面图、效果图、节点图，并撰写设计说明书<br>4. 设计方案体现创意水平，布局合理，符合功能要求<br>5. 通过答辩阐述设计理念和创意角度，表达流畅，语言生动，思维清晰，逻辑性强 | 60% |
| 三 | 职业素养 | 1. 工作态度与出勤情况<br>2. 设计工作沟通情况<br>3. 设计工作协调情况<br>4. 设计项目管理与调控能力 | 30% |
| 合计 | | | 100% |

## 项目总结

根据学生学习的整个过程中常出现的问题，归纳出以下几点作为总结。

1. 通过本次项目的训练，要能够掌握办公区广场景观设计的流程。

2. 在方案设计阶段可以依据"主题"作为方案开始的切入点。

3. 了解常用的基本尺度，合理地做出功能布局，体现办公区广场的人性化。在空间划分时一定要注意空间层次的合理性，符合人的私密性和公共性的不同需求。

4. 绿植的合理搭配，注意立面层次关系和季相效果。季相图的绘制不是简单的变化色彩，也要注意树的形态的变化。

5. 通过空间布局、广场景观要素的合理运用等体现企业的文化内涵。

6. 绘制图纸时注意规范性。

7. 绘图软件之间的灵活衔接和运用，如 CAD 与 SU 之间的图纸转换、PS 对 SU 后期的处理，以及 SU 与 LU 之间的转换等。

8. 展册制作符合主题的选择，制作精良且具美感。

## 课外拓展性任务与训练

1.组织学生外出考察所在地的办公区景观，并撰写考察报告

在考察时，要求学生针对广场要素及细节进行拍照，回来后进行归纳总结，可以将不同的办公区景观进行对比。帮助学生理解广场景观要素的处理和企业文化内涵的不同。

2.通过书籍或互联网查找相应类型的办公区广场案例，并加以分析

要求学生大量阅读优秀的方案，可以针对较好的方案处理手法进行记载，可以是手绘的，也可以是电子版的。

项目四

# 商业广场景观设计

商业广场是指为商业活动设置的，相对于商业建筑室内空间而言的户外活动空间。它是城市活动的重要中心之一，主要服务于购物、集市贸易等商业活动，随着生活水平的日益提高，其功能趋向于多样化，包括购物、休闲娱乐、游憩、交往等多种社会功能，满足多样化社会活动的发展。商业广场大多数位于城市核心或区域的核心，大多由建筑、道路等围合，由绿化、铺装、公共设施等多种景观要素构成，交通方式以采用步行为主。

随着消费时代的全面来临，人们的追求由物质需要逐渐提升到包括精神追求在内的多重追求，商业广场作为城市建设的图形肌理成为一个城市对外交流的名片。

## 项目目标

本次项目为某商业广场，面积约为 7000m²，项目地点位于北方城市。本方案要求能够体现现代商业广场的风采，打造一个充满人文关怀、具有文化内涵的商业空间。

要求在规定时间内完成商业广场的景观设计，具体包括以下几点。

- 商业广场景观设计方案文本一套，A4 大小。
- 要求制图规范，手绘表现与电脑表现等多种表现方式相结合，制作精美。
- 具体图纸内容包括总平面图、局部放大图、分析图、立面图、效果图、节点图，并撰写设计说明书。
- 设计方案体现创意水平，布局合理，符合功能要求。
- 通过答辩阐述设计理念和创意角度，表达流畅，语言生动，思维清晰，逻辑性强。

## 项目分析

通过本次项目的训练，要使学生能够掌握商业广场景观设计的流程，了解不同阶段中需要完成的设计内容；空间布局得当、景观要素的合理运用、空间气氛的营造手法，如节日景观的塑造是本次项目训练的重点；在设计中彰显地域文化是本项目训练的难点；同时要求学生提高阅读量，开阔眼界，拓宽设计思维。

## 相关知识

### 1. 商业广场景观的类型

在进行商业广场景观设计之前，我们需要先了解商业广场的常见组成形式，以更好地进行功能布局。

商业广场按照其常见形态，主要分为块状的广场、带状的广场。

### （1）块状的商业广场

作为商业区域人流聚集节点，块状的商业广场一般由建筑及道路围合而成，形态特征聚拢不分散，通常作为入口广场或中心广场，能够举办一定规模的庆典活动。

▲ 广场四周由商业建筑、道路围合，具有较好的向心力，是人们聚集的重要节点。

### （2）带状的广场

带状的广场是一种以步行街串联商业空间为特征的线性空间。

▲ 广场形态呈线性特征，能够串联不同的商业空间，人流走向清晰，方向性明确。

## 2. 商业广场景观设计要点

### （1）铺地

①铺地形态的可达性

铺地可以通过铺装的手法和样式来引起人们的注意，并且引导人的视线成功到达目的地。广场中铺地的交通引导功能主要是通过线型的铺地实现的。

②铺地的展示性

铺地通过砖、石材、木材等材料编织表情，用它自己独特的展示性承托着建筑群及其他景观要素。

商业广场的铺地作为城市的"皮肤"，在设计时尊重土地肌理，重视地域性展示，用合理的设计手法来诠释文化内涵。

► 深灰色的曲线富有韵律感，结合白色的收边，清晰明确，可达性强。变化丰富的绿植给行走者带来轻松氛围

▲ 成组的平行虚线使整个带状广场的可达性一目了然

▲ 此图为阿富汗某商业广场，铺地运用了当地传统的建筑装饰纹样作为基础原型，通过对原型的组合、增减形成边缘不规则的铺地，部分铺地使用了伊斯兰教信仰的蓝色。整个铺地带着浓厚的地域特色，魅力十足

▲ 日本商业街的特色井盖，雕刻了日本标志性建筑和樱花，将日本的传统文化表现无遗

◄ 成都文殊坊商业广场的特色井盖，和广场砖结合在一起，增添了铺地的存在感。在井盖上雕刻了中国传统的吉祥纹样，市民在行走的过程中就能感受到浓厚的文化气息

③铺地的空间性

在人流密集的商业广场中，同种材料和纹样的延续使用在视觉上会给人以空间场地的延续感；反之，铺地材料的变化会给人们带来空间功能转变的感受，给人们带来心理界限。选择铺地材质时要选择防滑材质。

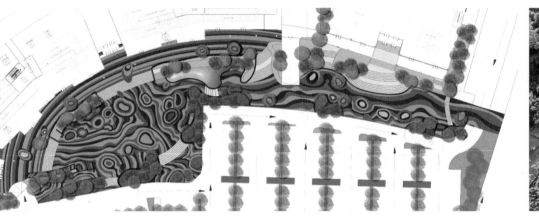

▲ 泰国清莱中央广场，广场上的景观融合了场地北边山脉的轮廓特征，铺地使用山地等高线的形式，运用当地的砂石和水磨石作为整个区域的主要建材，相同铺地材料和纹样使得整个广场在存在高差的情况下依然具有空间的整体性

▲ 铺地材质和色彩的变化会给人带来心理暗示，告知空间的属性和功能发生变化，以区别于其他空间。黄色的折线铺地是公共休息区的范围，蓝色的区域则是行人过街通过的区域，明快的色彩也让商业广场变得活泼，令人眼前一亮

## （2）水体

人类与水自古以来就是相互依存的关系，水是生命之源，人们都有亲水性，现代人们追求舒适、健康、安全优雅的生活，水景的营造是商业广场设计中不可缺少的一部分。商业广场中的水体必须具有共性、开放性和参与性的特点。商业广场中大多数的水体为人工水体，适宜的水体景观能够增添空间的灵气，增加环境的亲和力，打造出轻松自由的氛围。水体的形式主要分为静态水体和动态水体。

▲ 静水能够反映出建筑、灯光、人物活动，白天带来空间的开阔，夜晚使人感到梦幻神秘

▲ 商业广场的水体与小品、雕塑相结合，使得空间妙趣横生

▲ 喷泉是动态水体中常见的形式。随着时代的变迁、科技的发展，喷泉可以结合音乐、灯光等技术，使之变化多端，引人入胜，营造了有感染力的商业空间。水体的设计要考虑安全性，水深控制在 20 ~ 30cm，较深的水景需要加设护栏

▶ 旱喷泉不仅避免了寒冷的地区水体景观冬季的缺憾，也实现了空间使用的可操作性，可以根据需要来控制水体。水景周围地面要注意防滑，以防止行人滑倒

▼ 水体的营造应尽量满足人们的亲水性，使人们和水体之间能够产生互动

## （3）绿化

早在秦朝就有了"道广五十步，三丈而树"的传统，可见绿化的重要性。商业广场的绿化要精心设计，与建筑环境协调一致，使功能性和艺术性很好地结合起来。

绿植种类的选择要结合植物的生长习性，尽可能选用本土植物，树种的选择能够体现季相变化。植物种植的位置不要阻塞建筑的入出口，保证人流的疏散和流通。乔木选择时注意树冠部分不遮挡店面的重要信息，如店面名称标示等。

▲ 植物的树冠能够为人们带来清凉的树荫和美丽斑驳的影子，为空间增添情趣

◀ 植物的树冠能够为人们带来清凉的树荫和美丽斑驳的影子，为空间增添情趣（续）

▲ 草坪是广场上美丽的地毯，柔软舒适，是人们互动的好去处

▲ 圆形的草坪变化着在地面铺开，趣味性油然而生，让人心生惊喜

▶ 绿植是大自然馈赠给人类的美好，人们选择在大树荫凉下休憩、闲谈。树形饱满优美、色泽特殊的紫叶李结合镜面水体，会成为人们的视觉焦点

▲ 垂直绿化是人们利用垂直界面完成的绿植种植，是绿植在三维空间的新维度，也凸显了关爱自然、注重生态的新理念

▲ 水生植物柔化了硬朗的水陆边界，给水域带来了无限的生机

### （4）公共设施

由于商业街区广场的使用者以步行为主，商业区广场要充分考虑服务设施和休息设施的设置，在设置时要考虑座椅等服务设施的位置及周边环境，以满足不同人群的使用。公共设施的造型也应该结合周边建筑的形态和其他景观要素，做到实用创新、与环境和谐统一。

①公共休息设施

公共休息设施主要指各类公共座椅、坐凳、有休憩功能的建筑小品，以及可供休息使用的辅助性设施，如台阶、矮墙等。

▲ 荷兰某商业广场上的休息座椅木质的座椅舒适温暖，围绕在方形树池周围，可以满足人们坐、靠、三三两两的交谈

▲ 围绕树池的休息座椅，座椅的摆放考虑了人的心理需求，保持一定距离，避免陌生人面对面的尴尬

▲ 造型现代的凉亭下布置了座椅和两级台阶的平台，台阶也是人们休息闲聊的好去处。平台还可以成为舞台，供演出使用

▲ 白色现代的桌椅，以不同形式组合，在绿荫下让人觉得惬意休闲

▲ 木质铺装勾画出休闲的区域，休闲桌椅的样式丰富，或高或低，其中还结合了树池，环境优美，可满足人们多样需求

②服务设施

服务设施主要包括信息类的基础设施，如无线网络的覆盖、多媒体信息的传递等。还包括品牌化的、个性化的交通导视系统，如路障、建筑物的标示牌、区域分布总平面标识牌、公共服务设施标识标志等。

▲ 趣味性十足的路障设计

▲ 人性化的服务设施，利用太阳能，为手机充电，为人们生活带来方便

③照明设施

照明设施是指利用各种光源对广场或物体进行照明的设施。照明是为了创造舒适愉快的环境和较好的可见度。照明设施的设计要符合安全性、实用性、经济性和艺术性的原则。

▲ 以大树为造型的路灯，夸张的绿色叶子在灯光下晶莹剔透，由于树叶的遮挡，使得光线柔和温馨，避免了炫光，也给整个广场带来了生机和趣味性

▲ 整个亭架采用了多点的局部照明，营造出星光点点的效果，让人觉得惊奇、流连忘返

▲ 在金属柱头上设置小巧的灯泡，在夜里形成灯的森林

▲ 镂空的灯柱，产生了曼妙美好的光影

▲ 不同灯光效果营造的不同气氛

④卫生设施

垃圾桶是商业广场上的主要卫生设施。造型美观新颖的垃圾桶在某种程度上也反映了商业广场的品质。

▲ 富有创意的垃圾桶

### （5）雕塑

雕塑是商业广场的点睛之笔。现代商业广场的雕塑形式越来越丰富，或抽象或具体，都设计得别出心裁，在尺度和材料上也有新的尝试和突破，越来越重视环保材料的应用。雕塑应该根据广场的体量、周边建筑的色彩质感、环境的艺术风格，来确定自身的尺度材料，也可以根据商业主题来确定设计的主题形象。

▲ 不同主题的商业广场雕塑和装饰

## 3. 商业广场景观的体验性

景观大师约翰·西蒙兹认为——我们要设计的不是场所，不是空间，也不是一种东西，而是一种体验。景观设计师应该在以人为本的前提下，理解人类和自然的和谐共处问题，在满足人基本生理需求的基础上，丰富其精神及情感的共鸣。

体验是内在的，存在于个人心中，是个体的形体、情绪、知识参与所得。体验性的商业广场景观应该注重大量的细部设计，充分发挥想象力和创造力，能够满足商业运营的主题，注重对自然的感知。对生态绿色的场所空间和大自然的体验，也是实现体验性商业广场景观的重要途径。

▲ 每个形态各异的小水池，浅浅的蓄着水，一碰就会引起涟漪，吸引了大量的顾客

▲ 商家巧妙地将带插座的吹风机做成雕塑，并且在人们靠近时会发出暖风，这是寒冬里温暖的礼物，这个体验景观不仅为广场增添了活力，也获得了较好的商业效应

▲ 红的木马不仅仅获得了孩子们的喜爱，也唤起了成年人对童年的记忆

▲ 蛋形的雕塑唤起了孩子的好奇心，使人忍不住爬上去一探究竟

▲ 浅浅的水池可以让人伸脚走进去体验，也可以通过中心低凹的通道来亲近水

▲ 广场上的小喷泉总是能够成功地吸引小朋友们的注意力

## 4. 商业广场的"节日"景观

　　节日景观是根据节日的主题和重大庆典的内容进行创作设计而成的应节、应时的浓缩综合性景观，是围绕节日这个主题在一定空间范围内外展开的一种节日文化氛围的营造和表达。节日景观是一种走向大众与平民的新型艺术形式，并以不断突破的势态向前发展。商业空间的节日景观的设计由来已久，从最初的挂旗点灯到现在的专业设计。

　　我国的传统节日大多是处在与农业相关的节气、季节、年轮转变的时期，如春节、端午节、中秋节等，宗教也是形成节日的主要原因。西方国家则长期受到基督教的影响，西方的传统节日大多带有宗教色彩，如情人节、复活节、万圣节、圣诞节。

　　这些节日或是起源于农耕祭祀，或是起源于宗教，在经历了数千年的岁月长河后，如今演变成了人们团聚、思念、放松娱乐的美好时光。传统的习俗和文化传承下来，随着经济的发展，人们装饰节日的手法越来越多样化和科技化。

▲ 春节的图片

▶ 圣诞节的图片

▲ 以迪士尼为主题的景观　　▲ 以"非比寻常"加菲猫为主题的景观

在室外的作品要更多地考虑材料的耐久性、对抗不同自然天气的能力。在色彩和尺度比例、结构上要与整体的氛围和谐统一，也要考虑人们由远到近的不同的观赏距离。

▲ 圣诞节节日景观设计的整体性体现

并对景观设置产生共鸣。如中国的传统节日元宵节，花灯形成节日景观，人们浏览观赏并且交流谜语答案，与性。

打造节日景观时需要注意的几个问题如下。

### （1）系统性

节日景观的设计应该能够高度整合较为混乱的人造环境及各种景观，使其变得有秩序，有关联和系统。如圣诞节的节日景观可以在进入商业广场和街区时就开始布置有序的刀旗、条幅、饰品等。

### （2）参与性

节日景观应该具备参与性，让人们能够在节日景观中互相沟通，大家会看花灯猜谜，写着谜语的花欢声笑语，这些都是节日景观的参与性。

### （3）结合文化，凸显地域性

节日景观应结合当地的文化，凸显地域性，切不可照抄照搬，盲目复制。

## 5. 商业广场景观的文化传承

人类在不同的地域、不同的生活环境中逐渐形成了各具特色的生活方式和生产方式，因而孕育出不同的文化类型。在文化失语的今天，人们越来越意识到，只有深深扎根于地方文化的土壤，文化才是有生命力的文化和创造力的文化。在寻求文化文脉和当地习惯的特色中，商业空间敏感，有着直接而多样的体现。不同城市的历史文化造就了各具特色的商业广场和街区，这些传承下来的建筑遗产具有很高的价值。

城市商业广场生活中潜移默化的思维方式、风俗习惯、价值观念、审美情趣以及民俗活动都来自文化的影响。

▲ 江南水乡的地区的节日景观，依附水体而温婉灵动，哈尔滨的节日景观则采用冰雕作为装饰，分别凸显了不同的地域特色

在设计商业广场景观时应对城市的历史文化进行深刻的了解，做基于地域文化的设计才会有生命力。在注重文化传承的商业广场景观设计上，有着众多的优秀案例，如成都的宽窄巷子、上海的新天地、北京的798等。

▲ 康熙五十七年，准葛尔部窜扰西藏，清廷派兵平息叛乱后，选留千余士兵永留成都并修筑满城——少城。在经历了近300年的风风雨雨后，如今少城只剩下这宽、窄、井三条巷子"苦苦相依"，这三条巷子因为有近200年的旗人居住史，所以成了成都"千年少城"的城市格局和百年原真建筑格局的最后遗产，也成了北方胡同文化在成都甚至在中国南方的"孤本"。2003年，成都市宽窄巷子历史文化片区改造工程确立，在保护老成都原真建筑的基础上，形成以旅游、休闲为主，具有鲜明地域特色和浓郁巴蜀文化氛围的复合型文化商业街，并最终成为具有"老成都底片，新成都客厅"内涵的"天府少城"。整个项目的过程中，一直把"策划为魂、保护为本、落架重修、修旧如旧"作为保护原则，修复了院落45个，并于2008年6月正式开放

宽窄巷子是成都文化的集中体现，记载了老成都的城市历史和成都人的生活记忆，孕育了现代成都的生活精神，体现和延续了成都人的生活态度。宽窄巷子历史文化区保护性改造工程将历史文化保护街区和现代商业成功结合，以"成都生活精神"为线索，在保护老成都原真建筑风貌的基础上，形成汇聚民俗生活体验、公益博览、餐饮、酒店、休闲娱乐等业态的成都人文游憩中心。根据三条巷子的不同特点，分别确定了"宽巷子老生活""窄巷子慢生活""井巷子新生活"的不同定位

闲在宽巷子：成都的"闲生活"

宽巷子代表了成都最市井的民间文化，在宽巷子中，老成都原真生活体验馆成为宽巷子的封面和游览中心，主要以茶馆、特色民俗餐饮、特色客栈为主

品在窄巷子：老成都的"慢生活"

改造后的窄巷子展示的是成都的院落文化，代表了传统的雅文化，通过改造，植物以黄金竹和攀爬植物为主，街面以古朴壁灯作为装饰照明，临街院落透过橱窗展示其文化精髓

泡在井巷子：成都人的"新生活"

通过规划改造，井巷子成为宽窄巷子的现代元素，是最多元、最开放、最动感的空间

▲ 砖文化景观墙是井巷子中一面400m长的、东西走向的雕塑墙，它是我国第一个以砖为载体的博物馆，一块块不同历史断面的旧砖，经过艺术的创作，垒砌成台、城、壁、道、碑、门等成都历史文化片段，演绎出百年历史，阐述着千年成都。文化墙的西段，从"宝墩遗城、金沙竹泥"到"羊子土抔、秦筑城廓"，从"汉砖遗风、唐建罗城"到"宋砖古道、明末毁城"，一段段老墙娓娓讲述着成都的沧桑历史。文化墙的东段则讲述这平常的生活场景，每一个都构成了老成都活生生的影像与回忆

## 项目实施

以下以某商业区广场为例，具体讲解商业广场景观的设计流程。

## 一、接受任务

下达任务书，讲授项目相关要求，组员进行分组，对项目进行初步的分析。拟定大致的工作进度计划表。

## 二、实地勘测

接受任务后，就要对项目的基地进行实地勘测，然后要整理以下几个方面的分析和记录。

- 对基地的现状要进行分析，如项目的具体位置、地形、景观匹配的周边建筑情况。
- 景观资源的分析：现有自然景观、植物品种和其具体位置等。
- 交通、区域分析：现有道路、出入口、广场等。
- 历史、人文景观分析：风格、整体的布局，是否有地方特色。

## 三、概念设计阶段

### 1. 整理好实地勘探的结果，开始确定方案的主题立意和风格

由于现有的商业建筑均为现代风格，广场的风格也定位为现代风格。设计师以梵·高的名画《向日葵》作为设计灵感的来源，在这幅画中提炼了向日葵的花朵和花径的姿态，作为整个广场的大体布局，结合广场的具体功能进行功能图解，将画家的情怀融入整个广场设计中来，打破传统的格局和固有思维，使广场和周边建筑的功能存在精神联系，充满文艺气息。

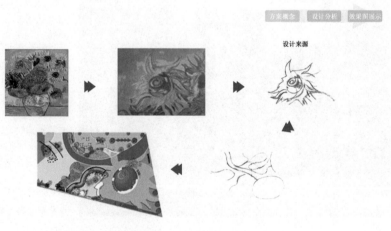

方案概念   设计分析   效果图展示

设计来源

此设计灵感来源于梵·高的《向日葵》，提取向日葵的花型与茎，形成道路走向与广场分割。汲取向日葵的色彩作为主色调，处处紧贴主题，设计出具有艺术感的太阳花主题广场。

太阳花广场景观设计方案 Sunflower Square Landscape Design     设计来源

## 2. 确定了风格和主题，就要正式开始进入概念设计阶段

概念设计应该从功能图解开始，用"泡泡图"的方式，将基地的情况和要素之间的关系表达出来。

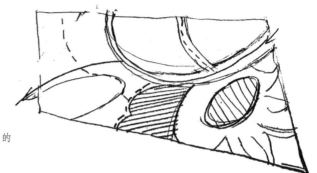

▶ 功能图解

进行功能图解，有助于设计师建立一个正确的
功能分区，并且保持一个宏观的思考

- 本方案考虑了现有周边商业建筑的性质，如艺术书店、工艺品商城等，大多数为与艺术相关的商业建筑，也是艺术家们聚集的场所。因此在画家梵·高的作品《向日葵》中汲取灵感来进行设计，旨在精神上与艺术保留沟通，使广场空间符合文化需求。
- 符合人们对不同空间尺度的需求，做到公开性和私密的平衡，满足人们的休闲活动，动静分开。
- 注意商业广场的节日氛围营造及体验性的创造。
- 布置人性化的设施。

## 四、方案设计阶段

### 1. 对方案不适之处进行修改完善，并深化

### 2. 根据草图绘制彩色总平面

在功能图解完成后，对平面的布局要深入细化，比如广场的尺度要根据人们的实际需求来划分成多层次的、大小不等的空间。如我们需要营造一些适于少数人阅读、小憩的私密空间，同时也要考虑商业广场的一些展示性、体验性活动等，设计较为集中平整的公共空间。私密空间可以利用植物、围墙、隔断等进行围合，以免受到干扰。

同时要布置广场上的景观要素，如水体的位置、形状，绿植的设计，树种的选择和搭配，种植出的效果和季相。合理地设置广场家具——景观设施、小品，要实用美观，符合设计主题，凸显现代商业广场的时代性、互动性，而且要有文化内涵。

方案概念　设计分析　效果图展示

01. 主入口
02. LOGO墙
03. Sunflower Square
04. 景观树
05. 特色喷泉
06. 渐变铺装
07. 室外咖啡厅
08. 植物瓶
09. 景观跌水
10. 怒密林
11. 流线平台/座椅
12. 阅读休息区
13. 绘画墙
14. 休息区
15. 廊架
16. 歇脚区
17. 浮雕座椅休息区
18. 联排座椅
19. 次入口
20. 艺术品商城
21. 书店
22. 影城

太阳花广场景观设计方案　Sunflower Square Landscape Design　　　　　　总平图

▲ 总平面图

总平面图应标注比例尺、指北针及设计的内容图例说明，在总平面图中还应绘制出设计范围与周边环境的关系

## 3. 彩色鸟瞰图

方案概念　设计分析　效果图展示

太阳花广场景观设计方案　Sunflower Square Landscape Design　　　　　　鸟瞰图

▲ 鸟瞰图能够更立体和直观地观察设计的内容、各部分内容的关系以及竖向关系

## 4. 总体景观设计分析图

总体景观设计分析主要包括功能分析、交通流线分析、设施分析、照明分析、绿植分析等。分析图能够帮助客户更加清楚项目的设计内容。

分析图可以将绘制好的彩色平面图进行去色处理，然后在黑白的平面图上用色彩鲜艳的范围或图例来标注想要表达的设计内容。

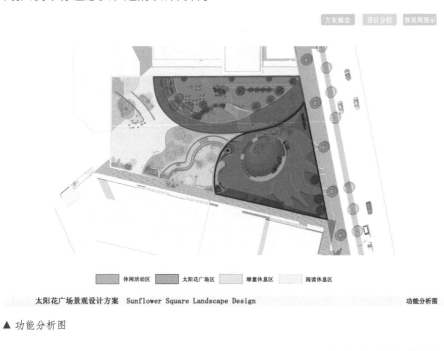

方案概念　设计分析　效果图展示

休闲活动区　太阳花广场区　绿意休息区　阅读休息区

太阳花广场景观设计方案　Sunflower Square Landscape Design　　　　功能分析图

▲ 功能分析图

方案概念　设计分析　效果图展示

主道路　　次道路　　人行路　主入口　次入口　建筑入口　景观游线

太阳花广场景观设计方案　Sunflower Square Landscape Design　　　　交通分析图

▲ 交通流线图

方案概念　设计分析　效果图展示

⊙ 高杆灯　　※ 景观灯　　── 地灯　　── 装饰灯　　── 潜水灯

太阳花广场景观设计方案　Sunflower Square Landscape Design　　　　　照明分析图

▲ 照明分析图

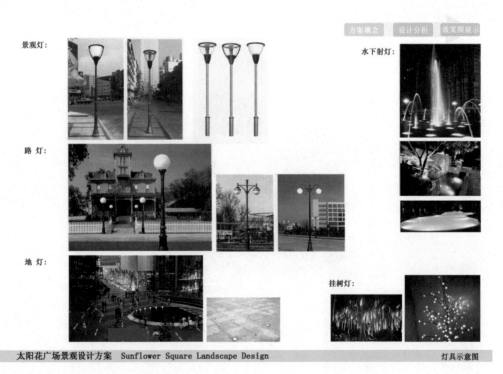

景观灯:

路 灯:

地 灯:

水下射灯:

挂树灯:

太阳花广场景观设计方案　Sunflower Square Landscape Design　　　　　灯具示意图

▲ 公共设施分析图
照明分析和公共设施分析图中可以安排感觉类似的示意图片,借此向客户更清晰地表明设计意向

方案概念  设计分析  效果图展示

白桦
臭椿+胡枝子+红瑞木+玉簪
法桐

银杏
连翘

美女樱
碧桃

河北杨

国槐
栾树

绦柳+白杆+青杆+矮紫杉+大叶黄杨+棣棠+紫藤+蛤苔草

樱花

桧柏+太平花+接骨木+萱草
红王子锦带

金叶女贞

▲ 绿植分析图

如果绿植的种类很丰富，在一张图纸上无法表现，可以将绿植分为乔木、灌木、地被花卉三大类，在每一类别里详细标注树木的品种

## 5. 主要景点的立剖面图以及整个地块的纵断面和横断面图

方案概念  设计分析  效果图展示

80000
广场总长

17000
下沉广场
7000
22000
水池跌水

▲ 立剖面图

▲ 立剖面图

绘制立剖面图时，要选择有地势变化或者有主要景观看点的位置进行剖切。

根据广场的实际情况来剖切，如果剖开的部分很长，会画出很长但很低矮的立面，不利于观察，可以选择重要的景观看点位置分段表现。应在平面图上标注相应的位置和剖看方向。

在绘制立面图时，要注意表现植物与景观建筑的关系，同时要注意表达绿植立面的层次。人物的行为也是立剖面图不可少的有力武器，人物的添加不仅能够渲染画面的氛围，还能起到量尺标杆的作用

## 6. 画出重要景点的透视效果图

效果图是有力的表达项目的方法，效果图不仅能让客户对项目设计的结果有直观的认知，也会方便设计师对设计进行重审和再推敲。

效果图越丰富、越全面，客户对项目就越了解。

效果图制作流程：

入口处LOGO墙

**太阳花广场景观设计方案**　Sunflower Square Landscape Design　　　　　　　　　　**效果图**

▲ 入口处效果图

本效果图着重表现广场入口处的LOGO景墙。景墙上带有广场的名称，同时还采用向日葵的花朵和花瓣作为图案进行雕刻，凸显了此广场的主题。旁边也设置了导视系统，做到人性化

视线

入口处

**太阳花广场景观设计方案**　Sunflower Square Landscape Design　　　　　　　　　　**效果图**

▲ 入口处效果图

表达了主要入口、次要入口与道路及绿化的关系

方案概念　设计分析　效果图展示

Sunflower Square

太阳花广场景观设计方案　Sunflower Square Landscape Design　　　　　效果图

▲ 广场的主体效果图

主要展示了广场中公共性较强的"太阳花"部分，这部分大体上平整开敞。利用植物修剪出需要的造型，做出向日葵花朵的样式，色彩的提取也是依据向日葵的颜色，考虑到人们在环境中视觉的舒适性，色彩色纯度都适度降低。中间花蕊部分则采用下沉形式，成为视觉焦点，使广场中心更明确

方案概念　设计分析　效果图展示

Sunflower 下沉广场

太阳花广场景观设计方案　Sunflower Square Landscape Design　　　　　效果图

▲ 中心的花蕊部分采用椭圆形形成下沉广场，并设计了旱喷泉，微地势的变化使其更加成为视觉的中心，利用高差打造休闲座椅布置绿植，使空间层次错落有致，为人们观看水体也提供了休憩之处

Sunflower 下沉广场

**太阳花广场景观设计方案** Sunflower Square Landscape Design 效果图

▲ 水体形式的设计考虑到了北方冬季的寒冷，水体设置较小，旱喷泉保证了无水状态的美观。在冬季寒冷的北方，大面积设计水体会造成冬季景观的缺陷，同时设备维护的成本也会加大

咖啡厅

**太阳花广场景观设计方案** Sunflower Square Landscape Design 效果图

▲ 效果图

结合咖啡厅设计的户外就餐休闲区，整个休闲区在总平面上处于"向日葵叶子"上，而这个休闲区也旨在打造一个绿色的生态环境。整个小环境由植物包围，地面抬高，结合地面高差变化设置了水体，空间层次丰富有情趣

咖啡厅

太阳花广场景观设计方案　Sunflower Square Landscape Design　　　　　　效果图

▲ 效果图

就餐区的座位布置，形式安排多样，可根据需要选择不同的人数座位。不同种类植物给空间带来幽静惬意的气氛，围绕小乔木设置的吧台形式新颖，夜间植物上的灯饰给整个空间带来浪漫气息。无障碍通道则是人性化设计的体现

太阳花广场景观设计方案　Sunflower Square Landscape Design　　　效果图　　　　太阳花广场景观设计方案　Sunflower Square Landscape Design　　　效果图

▲ 咖啡厅户外就餐区效果图

利用不同种类的植物形成空间的软隔断，通而不透，植物通过树冠、花卉等要素给人们带来了绿荫、芬芳、鸟鸣、光影变化等不同的身心体验，也营造了鸟语花香的大自然氛围，令人心旷神怡

阅读休息区

太阳花广场景观设计方案　Sunflower Square Landscape Design　　效果图

▲ 叠水效果图

顺应咖啡就餐区的地势变化打造了叠水景观，叠水景观结合绿植的处理富有细节，美观大方

休息平台探视图

太阳花广场景观设计方案　Sunflower Square Landscape Design　　效果图

树林休息区

太阳花广场景观设计方案　Sunflower Square Landscape Design　　效果图

▲ 效果图

在叠水景观附近设置的休息座椅方便人们观赏美景，人性化的公共设施总是能让人驻足停留，木质的座椅面料在北方的冬天也不至于很冰冷

商城前休闲活动区

太阳花广场景观设计方案　Sunflower Square Landscape Design　　　　　效果图

▲ 效果图

书城、艺术品商城前的部分鸟瞰图，布局疏密得当，整体富有变化，整个空间划分为不同的小空间，或私密，或开敞，能满足不同人的需求。树木的立面层次丰富，树种的搭配合理，为空间增添了美妙气氛

观赏休憩区

太阳花广场景观设计方案　Sunflower Square Landscape Design　　　效果图

观赏休憩区

太阳花广场景观设计方案　Sunflower Square Landscape Design　　　效果图

▲ 效果图

廊架的设置给人们提供了阴凉的休闲好去处

商场前休闲区

太阳花广场景观设计方案　Sunflower Square Landscape Design　　　　　　　效果图

▲ 效果图

在树荫下的休息区人们可以三三两两聚集，获得放松

商场前活动区

太阳花广场景观设计方案　Sunflower Square Landscape Design　　　　　　　效果图

▲ 效果图

开敞的小场地，周边有休息座椅，非常适合儿童的玩耍和看护

商场前绘画墙

太阳花广场景观设计方案　Sunflower Square Landscape Design　　　　效果图

▲ 效果图

为儿童提供的涂鸦墙壁，可以满足孩子对线条、色彩的释放，从而促进小孩对艺术的探索

阅读休息区

太阳花广场景观设计方案　Sunflower Square Landscape Design　　　　效果图

▲ 效果图

水池、大树绿荫营造了静谧舒适的氛围，人们可以围绕水池三三两两坐下来，静心阅读或小声交流

图书馆前坡道

太阳花广场景观设计方案　Sunflower Square Landscape Design　　　　效果图

▲ 效果图

无障碍的坡道尽显人性化设计的魅力

## 五、扩初设计阶段

### 1. 总平面图（主要表达出分区平面范围、主要剖面位置、主要景点名称、功能区、文体设施名称）

休闲活动区又分为几个小区域，列植的种植池与座椅形成有序的景观点，沿路的景观廊架增添气氛，能绘画的景观墙，

成组的休闲座椅，惬意的小小空间。

太阳花广场景观设计方案　Sunflower Square Landscape Design　　　　局部放大

▲ 局部放大平面图

## 2. 植物季相图、配置图、种植图、树木品种与数量的统计表

太阳花广场景观设计方案　Sunflower Square Landscape Design　季相图

▲ 季相图

季相图可以通过立面或者效果图来表达，主要展示不同季节树木的状态

太阳花广场景观设计方案　Sunflower Square Landscape Design　绿植示意图

▲ 植物配置示意图

方案概念　设计分析　效果图展示

| 类别 | 名称 | 规格 | 单位 | 备注 |
|------|------|------|------|------|
| 乔木 | 银杏 | 高6米　花期：春季 | 株 | 喜温暖、湿润和阳光充足的环境。抗寒 |
| 乔木 | 白桦 | 高5米　树皮灰白色，成层剥裂 | 株 | 喜光，不耐荫。耐严寒 |
| 乔木 | 国槐 | 高8米　树皮灰褐色，具纵裂纹 | 株 | 喜光而稍耐荫。能适应较冷气候 |
| 乔木 | 法桐 | 高7米　树皮薄片状脱落 | 株 | 喜光，喜湿润温暖气候，较耐寒 |
| 灌木 | 金叶女贞 | 高1.2米　属半常绿小灌木 | 株 | 喜光，耐阴性较差，耐寒力中等 |
| 灌木 | 连翘 | 高3米花期3~4月，果期7~9月 | 株 | 耐荫性，喜温暖，湿润气候 |
| 灌木 | 锦带 | 高1.5米　花期4~6月 | 株 | 喜光，耐荫，耐寒 |
| 灌木 | 红瑞木 | 高1.5米　花期5月~6月 | 株 | 喜欢潮湿温暖的生长环境 |
| 草本 | 萱草 | 40厘米 | 株 | 喜湿润也耐旱，喜阳光又耐半荫 |
| 草本 | 玉簪 | 高30厘米　花期7月~9月 | 株 | 性强健，耐寒冷，性喜阴湿环境 |

太阳花广场景观设计方案　Sunflower Square Landscape Design　　　　植物明细表

▲ 苗木计划明细表

## 3. 主要建筑物（亭架廊、水景、花坛、景墙、花台、喷水池等）的平、立、剖面图和特殊做法

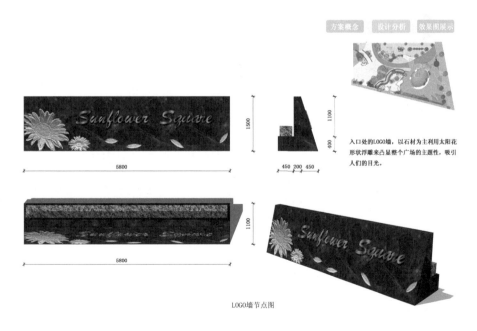

方案概念　设计分析　效果图展示

入口处的LOGO墙，以石材为主利用太阳花形状浮雕来凸显整个广场的主题性，吸引人们的目光。

LOGO墙节点图

太阳花广场景观设计方案　Sunflower Square Landscape Design　　　　节点图

▲ 入口景观墙详细尺寸图

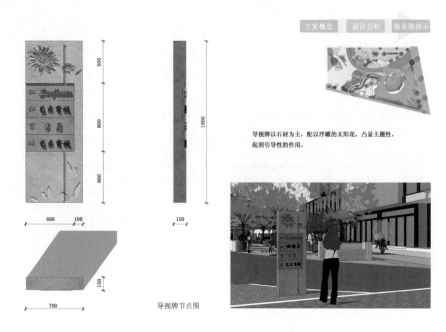

导视牌以石材为主,配以浮雕的太阳花,凸显主题性,起到引导性的作用。

导视牌节点图

太阳花广场景观设计方案  Sunflower Square Landscape Design

节点图

▲ 导视牌详细尺寸图

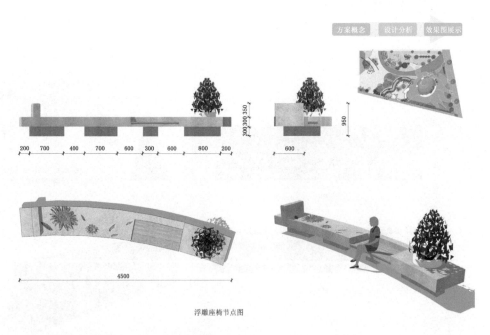

浮雕座椅节点图

太阳花广场景观设计方案  Sunflower Square Landscape Design

节点图

▲ 带树池座椅的详细尺寸图

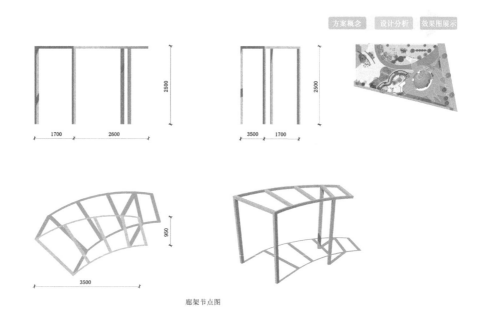

▲ 廊架详细尺寸图

## 4. 道路、广场的铺装用材和图案（可用照片表示）

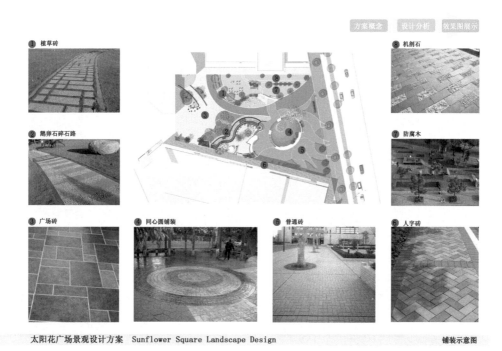

▲ 铺装用材示意图

具有渐变特色的铺装，每15°的角度旋转与中心水景有机的结合，铺装又像是水波的荡漾，加之美丽的樱花树，整个画面便像"诗中有画，画中有诗"一般。

太阳花广场景观设计方案　Sunflower Square Landscape Design　　　局部放大

▲ 铺装详图及示意图

特色的花蕊铺装详图，以每15°的角度旋转，铺装呈三个颜色的渐变，像是水中的水钵涟漪一样

## 5. 灯具的使用也可以用照片示意图表示

太阳花广场景观设计方案　Sunflower Square Landscape Design　　　灯具示意图

▲ 灯具示意图

## 六、施工图阶段

施工图阶段的图纸内容包括景观总平面图，详图索引图，定位尺寸图，竖向设计平面图，各种园林建筑小品的定位图，平立剖面图，结构图，铺装材料的名称、型号、颜色，园路、广场的放线图，铺装大样图，结构图等。

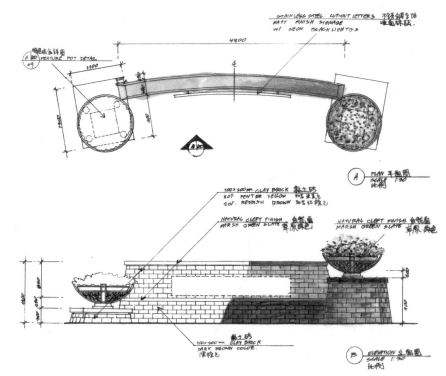

▲ 带花钵的景墙详图

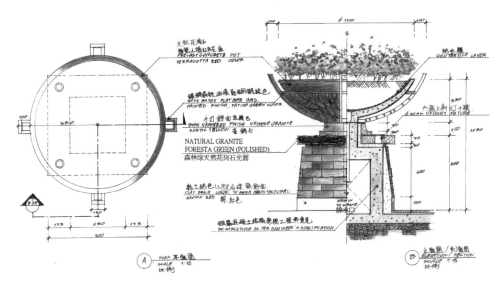

▲ 花钵详图

## 项目评价标准

| 序号 | 考核内容 | 考核的知识点及要求 | 考核比例 |
|---|---|---|---|
| 一 | 设计考察 | 1. 设计考察过程中，对相关信息的掌握能力<br>2. 设计资料收集与整理能力 | 10% |
| 二 | 工作技能 | 1. 设计总面积 7000㎡ 的商业广场景观设计方案一套<br>2. 要求手绘表现与电脑表现相结合，制图规范，制作成设计方案文本<br>3. 具体图纸内容包括总平面图、分析图、立面图、效果图、节点图，并撰写设计说明书<br>4. 设计方案体现创意水平，布局合理，符合功能要求<br>5. 通过答辩阐述设计理念和创意角度，表达流畅，语言生动，思维清晰，逻辑性强 | 60% |
| 三 | 职业素养 | 1. 工作态度与出勤情况<br>2. 设计工作沟通情况<br>3. 设计工作协调情况<br>4. 设计项目管理与调控能力 | 30% |
| 合计 | | | 100% |

## 项目总结

根据学生学习的整个过程中常出现的问题，归纳出以下几点作为总结。

1. 通过本次项目的训练，要能够掌握商业广场景观设计的流程。

2. 在方案设计阶段可以依据"主题"作为方案开始的切入点。

3. 了解常用的基本尺度，合理地做出功能布局，体现商业区广场的人性化。

4. 绿植的合理搭配，注意立面层次关系和季相效果。绿植的选择除了要注意与人的关系之外，还要注意与店面、建筑以及整体视线的关系，不能对重要的信息有所遮挡。

5. 通过空间布局、广场景观要素的合理运用等体现不同的地域特色，特别注意商业广场中节日景观设计的预留和部署。

6. 绘制图纸时注意规范性。

7. 绘图软件之间的灵活衔接和运用，如 CAD 与 SU 之间的图纸转换；PS 对 SU 后期的处理，以及 SU 与 LU 之间的转换等。

8. 展册制作符合主题的选择，制作精良且具美感。

## 课外拓展性任务与训练

1.组织学生外出考察所在地的商业区景观，并撰写考察报告

在考察时，要求学生针对广场要素及细节进行拍照，回来后进行归纳总结，可以将不同的商业区景观进行对比。帮助学生理解广场景观要素的处理和地域特色同节日景观的不同。

2.通过书籍或互联网查找相应类型的商业广场案例，并加以分析

要求学生大量阅读优秀的方案，可以针对较好的方案处理手法进行记载，可以是手绘的，也可以是电子版的。

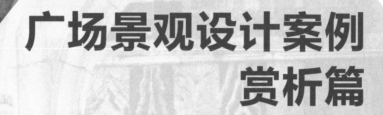

# 广场景观设计案例
# 赏析篇

广场景观在经历了不同的时代变迁后，呈现了不同的样貌，折射出人们的生活习惯、历史文化背景、精神追求。优秀的广场景观设计作品总是人性化的，强调着人与自然的和谐统一，吸引人们驻足停留，在其中寻求自身的需求和精神情感的满足。由古至今，优秀的广场景观设计在强调人性化和生态性的同时，在视觉上也是符合人们的审美的，广场布局的形式美感直接影响着广场景观的效果。

俗话说"温故而知新"，只有大量阅读和分析经典的广场景观案例，学习大师的设计手法和设计理念，才能够开阔眼界，灵活思维，受到更多的启发。本章节借助优秀经典作品及景观大师的案例，来探讨广场景观设计的手法和理念。本篇是本书重要的补充部分。

# 一

# 欧洲最美的客厅——圣马可广场

▲ 谷歌地图下的水城威尼斯

圣马可广场位于意大利的水上城市威尼斯，是意大利威尼斯的中心广场。它初建于9世纪，当时只是圣马可大教堂前的一座小广场。1177年，为了教宗亚历山大三世和神圣罗马帝国皇帝腓特烈一世的会面，才将圣马可广场扩建成如今的规模。它在欧洲城市的广场中是独一无二的，虽坐落在市中心，却不像其他广场那样受到交通的喧闹，这归功于威尼斯宁静的水路交通。作为威尼斯的地标，圣马可广场受到游客、摄影师和鸽子的格外青睐，是全世界城市广场的典范，19世纪法国皇帝拿破仑曾称赞其为"欧洲最美的客厅"。

圣马可广场位于里阿托岛的东部，由总督府、圣马可大教堂、圣马可钟楼、新旧市政大楼、连接两大楼的拿破仑翼大楼、圣马可大教堂的四角形钟楼和圣马可图书馆等建筑和威尼斯大运河围合，形成反"L"形状。

◀ 1 圣马可广场主入口
2 总督府
3 圣马可图书馆
4 圣马可大教堂
5 四角钟楼
6 新市政大楼
7 旧市政大楼
8 拿破仑翼大楼

圣马可广场之所以被称为欧洲最美的客厅，正是因为它的独到之处。

# 1.圣马可广场的空间分析

## （1）运用梯形强化透视效果

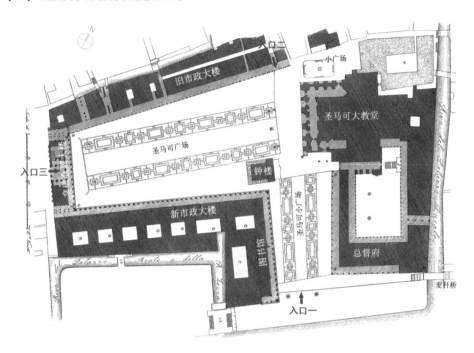

▲ 圣马可广场的平面布局

圣马可广场实际上有三个广场。一是位于圣马可大教堂西侧，正对着圣马可大教堂的最大的广场，一般常说的圣马可广场。平面呈梯形，东侧梯底宽 90 米，梯顶宽 56 米，东西方向长 175 米，占地约 1.28 公顷。二是处于圣马可大教堂南部，面向泄湖的圣马可小广场。平面呈梯形，北侧梯底宽 45 米，梯顶宽 37 米，南北方向长 100 米。还有一个是圣马可大教堂的北侧的小广场。两个主要广场均成梯形，梯形的宽边均指向圣马可大教堂，入口都设置在窄边。

当从梯形广场的宽边看向窄边，即从圣马可大教堂看向入口一或者入口三时，相比矩形广场的两侧立面，梯形广场两侧立面的可见面积加强，使得在视觉上空间被推远，等同于一个更长的矩形效果。

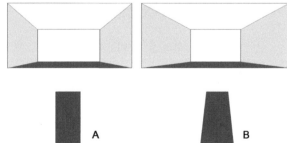

▲ 从梯形广场的宽边看向窄边（B），相比矩形广场（A），在视觉上空间进深被推远

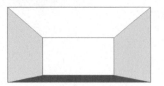 

▲ 从梯形广场的窄边看向宽边（B），相比矩形广场（A），在视觉上空间进深被拉近

反之，当从梯形的窄边看向宽边，即从入口一或者入口三看向圣马可大教堂时，视觉距离则被放大，无疑这种手法突出了圣马可大教堂的主体地位。

由于人眼经常忽略不规则，而且不善于估计角度，所以人们站在地面上几乎很难分辨出广场的形态是矩形，还是梯形。因为人眼对角度的不敏感，使得梯形广场可以用来产生广场进深被推远或被拉近的透视错觉。圣马可广场正是将主体建筑——圣马可大教堂放置在梯形的宽边，从窄边看过来，由于梯形两腰逐渐展宽而使透视感削弱，引起错觉，使得主体建筑更加宏大，中心作用更为突出。反之，则显得空间深远。

▲ 从拿破仑翼大楼望向圣马可大教堂（从窄边看向宽边）

▲ 从圣马可大教堂望向拿破仑翼大楼（从宽边看向窄边）

### （2）钟楼是三个入口的视觉均衡

钟楼是圣马可大教堂的功能组成部分，也是整个广场视觉的最高点。现代广场多把标志物放在广场的中轴线上，而钟楼放置在了圣马可广场和圣马可小广场的转角上。圣马可广场的钟楼照顾了不同方向上人们视觉的感受，若将其放置在入口 A 处，离入口二过近，缺少观赏距离；若放在 B 处，从入口一看过去，就会遮挡大教堂。现在的位置恰到好处，照顾了三个入口的感受，没有遮挡大教堂。因为靠近圣马可图书馆，钟楼底部采用了一段与图书馆同样的柱廊作为延续。

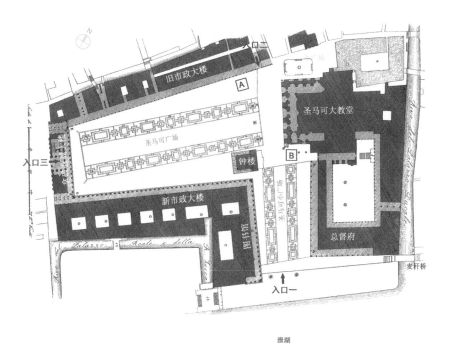

▲ 钟楼位置与入口之间的比较分析图

▲ 钟楼底部采用了一段与图书馆同样的柱廊作为延续

▲ 从入口三看向钟楼

▲ 从入口一看向钟楼

### (3) 入口一（主入口）的精华之笔

①圣马可广场的入口一的视线与流线转折分析。

圣马可广场入口一（主入口）的视线与流线处理是整个广场空间设计的精华所在。圣马可广场之所以被称为"欧洲最美丽的客厅"，正是因为它真正营造了"玄关"的空间感受。

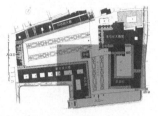

▲ 分析位置索引图

入口一作为圣马可广场的主入口，但人们并不是直接从泄湖的码头走进广场，而是通过总督府东南角的麦秆桥，沿着总督府南面的通道，到达两根雕像柱，然后向北进入广场。飞狮雕像柱、圣蒂奥多雷雕像柱和图书馆南端的五个柱廊所限定的空间（如蓝色区域所示）真是整个广场的"玄关"。这个"玄关"区域，为人们的流线和视线转折提供了缓冲场地，为人们正式进入"欧洲客厅"圣马可广场提出了预示。

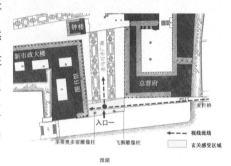

▲ 入口一的视线、流线分析图

从平面图上，我们可以看到图书馆南端突出于两个圆柱界定的边界，而总督府的南侧立面则是向北缩进，留出了进入广场的通道。这两栋建筑的一伸一缩，完成了最终的空间流线转折。

为了呼应入口的流线与视线转折，在建筑细节上也做了很用心的处理。总督府和图书馆的平面位置以及立面高度配合得天衣无缝。从圣马可大教堂的方向看向主入口，会发现，总督府的屋檐透视线高而短，图书馆的屋檐透视线矮而长，愈发显得图书馆伸出，总督府缩进，玄关的空间更加清晰。空间在视觉和流线上均到达了美妙的平衡。

②入口雕像柱的朝向分析。

圣蒂奥多雷雕像朝北面向圣马可小广场，而飞狮雕像则是向东面向麦秆桥。圣马可大教堂看向主入口（入口一）的位置很重要，视线穿过飞狮雕像柱和圣蒂奥多雷雕像柱，与远处岛上的圣乔治马焦雷教堂遥相呼应。两个雕像柱既界定了圣马可小广场的边界，也形成了对圣乔治马焦雷教堂的框景。

▲ 从圣马可大教堂的方向看向主入口，总督府的屋檐透视线高而短，图书馆的屋檐透视线矮而长，玄关的空间更加清晰

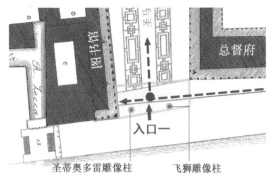

总督府

圣马

图书馆

入口一

圣蒂奥多雷雕像柱　　　飞狮雕像柱

泄湖

▲ 与圣马可小广场遥遥对望的圣乔治马焦雷教堂　　▲ 入口雕像柱位置示意图

　　这条视线从南往北容易形成强烈的逆光，飞狮雕像的侧面轮廓的剪影明显比真面轮廓更生动。飞狮雕像是威尼斯的守护神，他的雕像面向圣马可大教堂。

▲ 对圣乔治马焦雷教堂形成框景的两个雕像柱　　▲ 从圣马可大教堂望去，雕像柱容易处在视线的逆光，会更多地看到轮廓

▲ 圣蒂奥多雷雕像向北　　▲ 飞狮雕像狮首向东　　▲ 飞狮雕像的狮首向东，侧面轮廓的剪影生动迷人

主入口的主要人流方向来自东面，让飞狮雕像向东，狮首向东，迎向人流方向，也是很得当的处理。飞狮雕像与圣蒂奥多雷雕像朝向上的差异也暗示了入口一处的两种进入方式，兼顾了重要节庆日的南面进入与日常的东面进入。

## 2. 圣马可广场围合建筑的艺术性

### （1）统一

在圣马可广场漫长的形成过程中，广场上的各个建筑虽然建于不同时期，又经过数次修建，但仍然如同一个完整的统一体，无论是建筑之间的连接关系、各自的比例尺度，还是整体的色彩搭配、材料选择，都达到了无与伦比的和谐。意大利建筑师一直奉行着他们所谓的"后续性原则"，他们在一种平和的心态中，以一种对历史和文化的敬仰态度进行承上启下的设计。后建的建筑一方面考虑了现有的景观条件和状况，另一方面，设计中存在一个共同的原则，即每一幢单体都不是最终目标，他们追求的极致是完美的空间和群体。

圣马可广场四周围绕着400多米的券廊，它们长长地舒展开来，都作水平划分，单纯而安静，增强了广场的和谐与完整。这些券廊形成于不同的时代，它们的形成源于共同的审美原则。例如，圣马可广场向南扩建后，四角钟楼独立出来，与图书馆脱开10米。1540年，设计师桑索威诺在大钟塔朝东方向建造了一个三开间的券廊，从而使塔与周围建筑群体有了同一的关系要素，这是颇费心机之笔。

▲ 连续的拱券，比例一致、和谐优美

▲ 为保持整体性，为钟楼的东方建造了三个开间的券廊

总督府是 15 世纪初威尼斯为战胜外敌所修建的纪念物，是欧洲中世纪最美丽的建筑之一。从总督府的正立面，我们可以看到越往下越松散，越往上越密实，这与威尼斯建筑的特征很相似，重心在上。为了避免上部过重，总督府采用白色和玫瑰色的理石形成美丽的图案，化解了厚重感。立面下半部由具有韵律的单元组成，每个单元都由底下的一个大拱支撑着上面的两个小拱，两个小拱支撑上面的三个圆圈，三者以恰到好处的比例组成，美妙地平衡着。整个立面和谐，结构与装饰完美融合，具有伊斯兰建筑的风情。

▶ 总督府有着伊斯兰建筑的特征。上实下虚，结构与装饰完美融合

## （2）对比

①圣马可大教堂丰富的轮廓和富丽豪华的立面装饰与周围的相邻建筑形成鲜明对比，突出了大教堂的主体地位。

圣马可大教堂始建于千年之前，它是天主教最富丽堂皇的建筑，在世界建筑史上占有重要地位。传说在建城之初，圣马可曾降临威尼斯，拯救这里的苦难，后来，人们就将圣马可作为城市的保护神，传说他的坐骑是一头长着翅膀的雄狮，威尼斯的城徽就是飞狮抱着一本《马可福音》。

大教堂的艺术价值在于它融合了东西方建筑文化的精华，在于它独特的艺术装饰。大教堂的平面为正十字形，这是拜占庭教堂建筑最常见的形式，在十字上空，覆盖了五个圆形穹隆。教堂面向广场的主立面由两层圆拱叠加构成，下层五个稍凸向前，上面为可供游人步行眺望的平台。下层的圆拱做成 5 个大门，门扇、门框和门套的图案多样而变化，雕刻精良，半圆形拱券下装饰着美丽的陶瓷锦砖壁画，其中，以中间大拱下的"光荣基督和最后审判"最为著名。在上层的五个圆拱上设置了哥特式的尖顶和雕像，正中的大拱内置有彩色玻璃固定窗，两侧四个拱内也装饰有 4 幅陶瓷锦砖壁画。透过哥特式的小尖塔和壁龛，人们可以看到带有东方意味灯笼式天窗的大穹顶。所有这些罗马式、哥特式、拜占庭式和东方情调的建筑形式和语言，在圣马可大教堂身上会合成一曲和谐而带有个性的建筑美协奏曲。

为了凸显圣马可大教堂的主体地位，其他的建筑在立面基调的处理上都保持了拱券的重复，形成了安静连续的韵律感，单纯地衬托着圣马可大教堂的辉煌。

▲ 造型复杂、立面层次丰富、金碧辉煌的圣马可大教堂

▲ 正立面中间大拱下的陶瓷锦砖壁画"光荣基督和最后审判"画面精美绝伦

▲ 精美的建筑装饰，中间是手捧圣经的金色飞狮

▲ 圣马可大教堂的丰富立面与规律的旧市政大厅的立面形成鲜明对比，凸显了圣马可大教堂的主体地位

▲ 钟楼与其他建筑形成的纵横对比

②钟楼的竖向与横向拱券的对比。

位于圣马可广场拐角处的四角钟楼高达 100m，是整个广场空间的垂直轴线，与横向展开的券廊形成对比，打破了广场建筑单一的水平构图。

③小入口与大广场的视感的对比。

众所周知，威尼斯以水路为主要交通方式，通往圣马可广场的通道狭窄，人们经过狭窄的入口到达圣马可广场，尺度的骤然加大、豁然开朗的视觉冲击，与进入前的视觉对比无疑会使圣马可广场更加宏大。

▲ 圣马可广场周围的水运航线

▲ 刚进入圣马可广场的视觉对比

# 二

# 极简主义的代表人物
## ——彼得·沃克

彼得·沃克是美国著名的景观设计师。他是将极简主义的艺术风格运用到景观设计中的代表人物，一直活跃在景观设计教育领域，是极简主义景观设计的代表。1957年，彼得·沃克从哈佛大学毕业并获硕士学位，与佐佐木英夫合作成立了SWA (Sasaki Walker Associates)景观设计事务所。作为SWA的总设计师，彼得·沃克成功地主持了许多区域规划、城市景观和园林设计项目，他于1976年离开了SWA而赴哈佛大学设计研究生院任教，以便更深入地探索景观与艺术的结合。1983年，彼得·沃克创办了PWP (Peter Walker and Partners)景观设计事务所，从而得以把他对极简主义园林的探索付诸实践，其设计风格也趋于成熟。他的每一个项目都融入了丰富的历史与传统知识，顺应时代的需求，施工技术精湛。人们在他的设计中可以看到简洁现代的形式、浓重的古典元素，神秘的氛围和原始的气息，他将艺术与景观设计完美地结合起来并赋予项目以全新的含义。他的作品注重人与环境的交流，人类与地球、与宇宙神秘事物的联系，强调大自然谜一般的特征。

## 1. 南海岸中心广场

该广场位于橘郡，以人行道为主，集商业、贸易、休闲、文化功能于一身。20世纪70年代，彼得·沃克与其同事将一片青豆田改建为面积5英亩的自然主义公园，公园里有曲折的小径、小山丘、落叶树木和针叶树木林。1991年，PWP事务所又为Cesar Pelli的广场高楼建了入口庭院。庭院路面上镶嵌了金属板，在视觉上将建筑与周边环境联系起来。庭院旁边还有两个喷泉和一座雕塑，喷泉是由不锈钢同心环形成的。广场还包括一个歌剧院、一个小型剧院、一个音乐厅，还有一个俱乐部。通向歌剧院的斜坡上种满了几何形的黄杨木树篱，还有出自Juan Miro的雕塑作品。

▲ 谷歌地图下的南海岸中心广场

▶ 此处同心环以广场铺装的形式出现，并巧妙地与建筑构架结合，使二者形成关系紧凑的有机整体。有趣的同心环绿篱界定出建筑前的人行道，同时呼应同心环广场

▲ 几何绿篱是彼得·沃克常用的设计元素，具有很强的秩序感和肌理感，通过对角线将方块分割成三角，一方面呼应地块特点，同时形成通往艺术中心的视觉引导

▲ 办公楼入口采用了两个对称的不锈钢同心环镜面水池，延续艺术中心的同心环构图，形成类涟漪的效果，简约而神秘。同心环是贯穿整个广场的线索

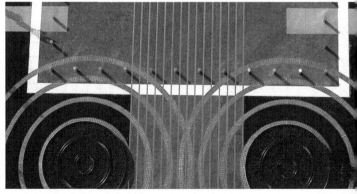

▲ 同心环水池通过涟漪的样式扩散，与方形广场叠加，两侧园路和金属装饰线通过与方形广场穿插融为一体，方形广场将这些不同的设计要素完美地整合在一起

▲ 一系列的不锈钢装饰线与颇具金属质感的建筑立面取得呼应

▲ 精致的不锈钢池壁与池底散置的自然石块构成强烈的视觉反差，但整体十分和谐，留空的草坪和两侧的乔木缓和同心环的视觉张力，并形成简洁的竖向景观

▲ 同心环内部的不锈钢池壁与水面齐平，中间间隔开来的带状部分充当溢流沟的作用，最外围的不锈钢池壁高出水面 2 ~ 3cm。这种圆形的不锈钢池壁有 3mm 厚或 5mm 厚即可，便于加工制作

◀ 图中雕塑由日本著名艺术家 Aiko Miyawki 所创作，它由 12 个混凝土柱与 5 种粗细长度不等的不锈钢线构成，柱身雕刻有十二生肖对应的动物图像

## 2. 美国纽约 9·11 纪念广场

美国 9·11 国家纪念广场位于 9·11 事件世贸中心 "双子大厦" 遗址，是由曼哈顿下城开发公司全权负责的重建与恢复工程。后经多方讨论，决定在此处建立一座纪念广场。中标作品是 34 岁的以色列建筑师迈克尔·阿拉德和 71 岁的美国景观设计师彼得·沃克提交的 "缺之思"，它击败了来自 63 个国家和美国 49 个州的 5201 名竞争者。

经过无数次修改，设计方案大体确定为三个主体建筑：两个方形瀑布池，一个主体建在地下的纪念馆，以及环绕它们的成群树木。建筑设计部分由迈克尔·阿拉德总体负责，广场景观由彼得·沃克及团队负责。

此纪念广场和纪念馆于 2011 年 9 月 11 日对公众开放。这也许是世界上修建时间最长的纪念馆，自悲剧发生后将近 7 年，设计方案公布后 4 年半的时间，第一根钢梁才在原址工地安装到位。这也许是世界上最具争议、设计方案修改最为频繁的纪念馆，它承载了太多的复杂情感，寻找一个最终的平衡点成了过去十年中面临的最大挑战。

◀ 9·11 纪念广场平面图

该方案占地 32368m²，将双子塔留下的大坑建成 2 个 6m 深、占地 4000m² 的方形水池，其四周的人工瀑布最终汇入池中央的深渊
对纽约人来说，9·11 就好像一道时间分水岭，9·11 纪念广场上两个巨型水池象征着刻在纽约人心上不能平复的永恒创伤，而广场上排列的直线叙述着不言自明的沉重

◀ 华灯初上的9·11纪念广场，两个巨大水池壁被灯光照亮，与中间部分的黑暗形成对比，象征着空洞的缺失

▲ 纪念9·11的"纪念之光"，蓝色光柱从世贸遗址附近射向曼哈顿的夜空，象征着在9·11事件中消失的纽约市世界贸易中心双子星永远屹立。两束高能量的镭射激光，射向深邃的夜空，宛如双塔重生，并慰藉着遇难者的在天之灵

▲ 瀑布的照明景观，流水与灯光叠加的效果像是熊熊燃烧的大火，让人联想到当时灾难的现场，整个气氛庄严凝重

▲ 深达6m的水池，利用这种下沉的"空"，叙述着沉甸甸的伤痛，让人体会着失去的感受

▲ 水池瀑布的细节

▲ 庄重的氛围让人强烈地感受到对逝者的怀念和对重生的希望

▲ 水池外围刻着在纽约市、宾夕法尼亚州、五角大楼以及1993年世贸爆炸袭击中丧生的遇难者的名字。夜晚来临，这些镂空的名字就会被灯光照亮。"死难者姓名不按任何顺序刻在两个水池周围……因为任何一种排列顺序都可能引起参观者的不适和悲伤。参观者如需找到已逝亲朋的名字，只需请工作人员引领，或者借助位置索引词典。"设计师阿拉德在一份声明中解释说

▲ 沃克在方案的文字稿中写道："纪念馆广场是个过渡空间，它属于纪念馆也属于这个城市。广场位于街道边，是所有纽约人休憩的场所。我们不想让它和城市其他部分隔绝开来，而是要与城市融为一体。"沃克在纪念广场上运用了直简洁线条，将他的极简主义风格发挥到极致

作为简洁主义者，沃克对阿拉德方案的简单明了心有戚戚，而两个深挖入地下的水池，也和他喜欢的当代艺术家麦克·黑泽那些在大地上挖掘出沟壑坑洞的作品一脉相承。"我很理解这类艺术家的创作思维，这样的设计必须用植物来打破地面上的'平'。用虚空的水池象征过往的失落，用树来象征今日的新生。"沃克说。沃克的补充设计让阿拉德的方案如虎添翼，最终夺魁，沃克设计的橡树也得以从图纸上走上了纪念馆广场。

▲ 沃克曾经如此评价这个项目："我还没经历过这样的竞争，在评委会、政治家、媒体、官员和失去至亲的普通人面前经历无比挑剔的重重要求。"

▲ 瀑布池周围的广场上种着沃克设计的象征"新生"的225棵树，包括一棵在"9·11"事件中幸存下来的梨树，如今，它生长在一片白橡树林之中

▲ 被橡树阵覆盖的广场，逐渐恢复了生机，成了人们休憩的场所

▶ 广场更强调痛定思痛后的重生希望，整个广场运用简单明了的线条，树阵和草坪等绿色植物带来生命的色彩

▼ 广场的树种选择了美国的国树——橡树，橡树能够根据季节的变换呈现出不同的季相，植物发出嫩芽到最后飘落的过程正是象征了生命的自然更迭。这些树都是从世贸大厦附近方圆500英里的范围内逐一挑选出来的，事先在苗圃里按各自的情况量身培育，使它们拥有几乎同样的生长节奏

# 三 景观界的勇敢拓荒者 ——玛莎·施瓦茨

玛莎·施瓦茨（Martha Schwartz）1950 年出生于美国费城的一个建筑师家庭，从小梦想成为艺术家，1973 年就读于密执安大学艺术系并获得学士学位。这时她开始对大地艺术感兴趣，并尝试将其应用到景观设计之中。1974 年她转入密执安大学景观设计系学习，初衷是想获得一些大地艺术所需的工程知识，可惜的是在那里环境主义思想占主导地位，这与玛莎·施瓦茨感兴趣的艺术的物质形式和艺术构思相去甚远，经过一年的学习后她几乎想放弃。1975 年她参加了 SWA 公司在加州组织的暑期活动，在那里遇到了她后来的丈夫彼得·沃克，由于两人对艺术与景观的共同追求，使玛莎·施瓦茨找到了继续学习景观的意义，一年之后她获得了密执安大学景观设计硕士学位，并于 1977 年进入 SWA 公司，在彼得·沃克手下工作。1992 年，玛莎·施瓦茨建立了自己的设计事务所。

## 1. 跳跃的土丘——明尼阿波利斯市法院广场

▲ 广场上呈水滴状的绿色鼓丘与建筑中心轴线成 30° 角，给路人以跳跃的视觉感受；几段与鼓丘平行的原木作为坐凳，被漆上银色的油漆，体现出现代与原始、景观与功能的巧妙结合

该项目是对美国明尼阿波利斯市一处都市广场的设计。场地视野开阔，面积大约为 4645m²，位于明尼阿波利斯市中心的位置，KPF（Kohn Pedersen Fox）团队设计的联邦政府法院前，面对市政厅。项目要求设计不仅适用于当地人们的日常活动，为市民个体提供一个休闲开放的娱乐场所，而且还要有自己的形象和场所感。

景观设计师玛莎·施瓦茨受到明尼苏达州典型的冰丘地形以及印第安人史

▲ 由于广场的地下是一个停车场，受重力的限制，草丘上只种植了一种当地乡土的小型松树。平行于这些草丘，平躺着一些粗壮的原木，被分成几段，作为坐凳，也代表着这个地区经济发展的基础——木材

▲ 水滴形的草丘看起来像连绵的山脉

▲ 平躺在广场上的原木彰显着地域特色，质朴迷人

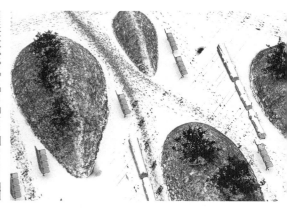

▲ 雪后的土丘别有一番情趣

▲ 土丘和原木代表柯明尼阿波利斯的文化和自然史，它们被用来作为广场的标志性和雕塑性元素，既象征了自然景观，又代表了人们对其主观性的改造。那些土丘试图唤起人们对地质和文化形态的回忆；也暗示着冰河时代的冰积丘、有风格的山丘，或者按照不同的尺度把它解读成一系列的山脉或土丘间的低地

▲ 设计将建筑立面上有代表性的竖向线条延伸至整个广场的平面中来，以取得与建筑的协调关系

前时代在密西西比河东岸建造的土丘的启迪，使当地联邦法院广场体现出了一道别出心裁的风景。

这个广场具有明显的极简主义和大地艺术的特征，在明尼阿波利斯市以直线、方格为特征的城市景观中，它的景观极具个性。"创造一个标志，一段记忆，一个场所"，设计师重视地域性的体现，为这个城市的居民提供一个引人注目的、可识别的景观，使他们在忙碌的路边能够驻足小憩，并留下记忆。

几乎玛莎·施瓦茨的每一件作品都有着强进的视觉冲击力，令人难忘。她的作品和她对景观的理解及表现的手法都给人以启迪。她的作品魅力在于设计的多元性。她深深地受到了极简主义和大地艺术的影响，她的主要兴趣在于探索几何形式和它们彼此之间的神秘关系。她的设计中大量运用直线、网格和一些纯几何形体，如圆、椭圆、方等，具有强烈的秩序感。有些平面构图系列化，在形式上与极简主义具有相似的基础，很容易融入城市的大环境中。

玛莎·施瓦茨的许多作品包含临时性的景观或部分使用临时性的构件，又体现了过程艺术和大地艺术对她的影响。玛莎·施瓦茨还受到波普艺术的影响。她的许多作品常常是日常用品和普通材料的集合，许多作品选择非常绚丽强烈的色彩，接近大众，具有通俗的观性。

## 2. 纽约雅各布·雅维茨广场

广场面积约 3700m²，位于一个地下车库和一些地下服务设施的上面，主要用于附近办公楼中工作人员的午间休息。施瓦茨认为需要加入运动和色彩使之生动。她精心选择了设

计要素：长椅、街灯、铺地、栏杆等。以法国巴洛克园林的大花坛为创作原型，用不同寻常的手法来再现这些传统的景观要素，施瓦茨用绿色木质长椅围绕着广场上6个圆球型草丘卷曲舞动，产生了类似摩纹花坛的涡卷图案。不过在这里，弯曲的长椅替代了修剪的绿篱，球形的草丘替代了黄杨球。

◀高空鸟瞰整个广场，绿色的长椅形成涡卷条纹，充满活力和弹性，给平凡的空间带来了活力

▲ 铁艺的围栏同样采用了法国巴洛克的花园处理手法，形成卷曲、生动有趣的图案

▲ 双向布置的座椅加大了休息的空间。座椅充分地考虑人的行为心理，形成向内和向外两种不同的休息环境，满足了不同人群的需求

▲ 草丘的顶部有雾状喷泉，为夏季炎热的广场带来丝丝凉意

▲ 广场的尺度亲切，为行人和附近的职员提供了大量休息的地方，深得公众的喜爱

# 日本枯山水的代表人物
## ——枡野俊明

1953 年，枡野俊明出生在一个禅僧世家，大学毕业后成为斋藤胜雄的学生。1979 年，他以僧人身份云游至大本山总持寺修行，这为他今后的设计生涯奠定了思想基础——禅宗美学和日本传统文化。

日本是个具有得天独厚自然环境的岛国，气候温暖多雨，四季分明，森林茂密，丰富而秀美的自然景观孕育了日本民族顺应自然、赞美自然的美学观，这种审美观奠定了日本民族精神的基础，从而使得在各种不同的作品中都能反映出返璞归真的自然观。同时，日本人民对稍纵即逝的美也十分敏感，如落叶、落花等都会引起忧愁情绪。日本园林着重体现和象征自然界的景观，旨在创造简朴、清宁的致美境界。在表现自然时，更注重对自然的提炼、浓缩，并创造出能使人入静入定、超凡脱俗的心灵感受，从而使日本园林具有耐看、耐品、值得细细体会的精巧细腻，含而不露的特色；具有突出的象征性，能引发观赏者对人生的思索和领悟。

作为日本当代景观设计界最杰出的设计师之一，枡野俊明先生的作品继承和展现了日本传统园林艺术的精髓，准确地把握了日本传统庭园的文脉。他的作品总是能够给人以自然、清新的气息。枡野俊明先生一向将景观创作视为自己内心世界的一种表达，将"内心的精神"作为艺术中的一种形式表现出来，他的作品往往充满了浓厚的禅意，体现了一种淡定、沉静的修为，方寸之间，意犹未尽，因此常被誉为具有鲜明人生哲学的设计作品。

## 1. 风磨白炼亭——国家金属研究院科学技术所广场

这个广场是为当时旧科学技术厅所管辖的金属材料研究所设计的。金属材料研究是精密而孤独的工作，与金属挖掘开采关系紧密。这个广场在把这里相关人员的心理状态融于设计的同时，从由金属联想到的"开采""广""溶解"等印象衍生出"金属与人的相遇""金属的利用""人与金属的共存"的表现主题。

枡野俊明大师在踏勘了现场之后，打动了他的一个念头就是"纯净"，这个广场的主题就自然地形成了。枡野俊明认为科学家们在这里需要以一种纯净的心态去工作。这座花园必须是这样一个场所，它象征着纯洁，而这也是最难达到的境界。

▲ 国家金属研究院科学技术所广场鸟瞰图

此外，作者也联想到了探矿者寻找矿石时的经历和场景，筋疲力尽的探矿者在干枯、荒凉的崎岖山谷中不但要寻找矿石，还要在蜿蜒而干涸的河床周围寻找水源。通常他们会相聚在一个有泉水的地方。在那里，他们找到希望和力量去面对第二天的辛劳跋涉。探矿者独自挖掘矿石，独自淘金。同样地，这个研究所的研究人员也是独自工作。因此，除了矿山和研究实验室的不同之外，探矿者和研究员都要面对同样的现实，他们的工作通常都是孤军奋战。通过对这种相似的理解，得以让这个广场成为那些孤独的研究人员恢复活力的地方。

因此，枡野俊明大师在广场上设计了象征蜿蜒河流的砾石、象征丘壑的自然群石、象征干燥大地的花岗石铺地、象征草原的草坪与树木，洗手钵涌出的泉水及此处溢出来的流水……希望科学家们在这里重新找到他或她的纯洁的目标、方向和梦想。

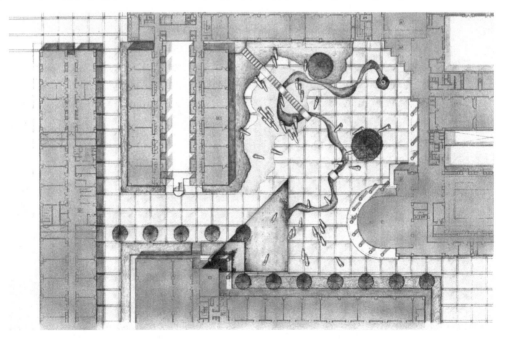

▲ 广场的平面图，利用枯山水的造景手法，还原了探矿者的工作场景，如河流、山谷沟壑等，通过工作过程相似性的理解，在精神上给使用者以心灵的归属感

▲ 蜿蜒的河流，造型生动富于变化　　▲ 河流的一端从一块圆形巨石开始

▲ 用微拱形的石材来象征跨越河水的桥梁，这是枯山水的精神境界

▲ 这块巨大的石头展示了人造景观与广场的自然风景之间的对比。石头一面做了抛光处理，一面保留原始的粗糙感

▲ 两个硕大的粗糙砾石并列放置，富有神秘色彩的雾气从三角形的地基上升起，整个气氛枯寂而玄妙，抽象而深邃

## 2.青岛海信·天玺居住区广场

青岛海信·天玺居住区景观为日本"禅"意园林，是枡野俊明先生在中国的沥心之作，创作过程历时 2 年，总面积 17000m²。园区内的每一棵树都由他修剪调教，每一块石头都由他亲自精选把关。一抹青翠的绿意、一缕清澈的碧水，都融入了大师对生命、对事业的感悟。天然取材，师法自然，从秦陵泰山等地选材，通过移景、移石、移树，充分还原园林的本质面貌。身处心境"禅"意园林，体会人生百味，读到的是一种人生的态度和对至高境界的追求。

海信·天玺总共有八座雕塑，每一座雕塑的石材都是由枡野先生亲自挑选并命名。全部雕塑石材都是从海外运过来的，八座雕塑价值 200 多万。不仅造型别致，还充满了禅机。

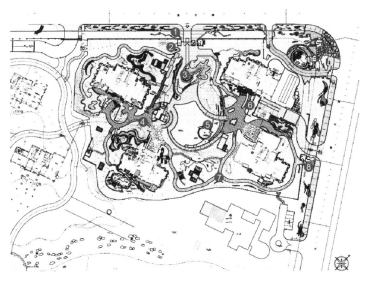

▲ 园区平面图及园内 8 个禅意雕塑的位置
1.不易　2.融合　3.静坐　4.升华　5.万有　6.久远　7.松籁　8.无常

▲ 天玺居住区核心景观区的鸟瞰图，可以清晰地看到"万有"雕塑

▲ "万有"雕塑位于中央的小丘上，圆形池与雕塑景石构成了天玺居住区的景观核心，这里刻画着万物宇宙构成的太阳、月亮、银河等象征，体现了天地万物浑然一体，包罗万象

▲ "万有"景观雕塑结合水体，营造了静寂而玄妙的空间感受

▲ 雕塑"静坐"是北门入口景观的视觉中心，它浮在水面上，犹如迎接宾客的到来。以流水的形象，给人以浮游的感觉。排除思虑，闭目安坐，是禅宗修行的一种方式

▲ 水池的上半部分是黑色理石，做出阶梯状层层递进，水池的下半部分是自然垒石，两种石材的肌理对比鲜明，营造了丰富的视觉效果

▲ 雕塑"融合"，取融洽和谐之意，两块巨石相辅相成，相互依偎，犹如迎宾的样子，营造出和谐融洽的氛围

▲ 雕塑"升华"，是从多角度观看都有悬浮感的景观石，寓意信念的升腾、心灵境界的提升

▲ 雕塑"久远"取长久、久远之意。上部分石材是一块有150多年历史的老石头，取自一座石桥的桥柱。下部分石头底座是镜面黑色花岗岩，通过两块石头的对比表现了历史和现代的过渡，上面的古石材象征着历史的同时，倒映在黑色花岗石上的倒影也表现了未来，这块石头从日本空运而来，由三个日本老师傅花费2小时安装

▲ 北门西侧的枯山水景石"不易"，它是把整块石材一分为二，做了错位的处理，增加了动感并给行人和小区的来访者带来了乐趣，并且也表示了欢迎您回家的意思

▲ "松籁"由多块石头组成，材质颜色对比明显，具有风吹松树树梢的流线感

▲ 海兴路东入口的"无常"雕塑。自然面石材有在空中腾云浮游的感觉，上面篆刻着天玺的名字，体现了楼盘至高脱俗的风格，希望给访客带来深刻的印象

▲ 整个居住区最南端的水景"龙门瀑"寓意"鲤鱼跳龙门"，两边岩石卓立，一道瀑布倾泻而下，犹如一条鲤鱼跳过龙门，石材开采自秦岭大山的水系，使水景效果更佳

▶ 枡野俊明先生的手绘稿

◀池底、池壁均设有地暖，冬天也可以开放水景，无水的旱溪更显禅意

▲ 这些别具一格的景墙经历一年的全国范围选材，设计师充分分析每块石头的特点，由8位崂山石匠经历数月完成

▲ 每一块石头都精挑细选，组合得当

▲ 园中的碎拼路蜿蜒而上，纹理拼接自然，据说这些路面是由拥有几十年经验的崂山石匠手工打凿而成。每天每位工匠仅能加工 1.2m，同时设计人员全程跟踪指导，才造出如此生动的铺地

◄ 为了实现无水也成景的效果，在池底凿刻了水纹。设计师在现场用墨笔一笔一笔画出水纹，然后再交给工人施工

► "慈心"雕塑，水从石心涌出，自然跌落，寓意"人心若水"，直下落水时发出哗哗的声音，让人精神愉悦，像古代的龙吐水，寓意吉祥

八座被命名为无常、融合、松籁、升华、不易、万有、静坐、久远的雕塑，被分散安放于禅意园林之中。

在天玺 170000㎡ 的禅意园林中，有 10 余种来自世界各地的珍贵石材、20 类珍稀树种、400 余棵大乔木、8 部禅意雕塑。全国遴选珍贵石材、苗木，让整个园林成为一座珍品收藏馆。为了确保整个景观的质量，除了枡野大师亲自上阵外，整个施工过程都有设计人员跟踪指导。整座园林四季有景，风景各异，流水潺潺，圆融和谐间，心灵畅然休憩。

枡野俊明先生始终追求园林设计的至高境界，将禅意文化与自然景观和谐交融。质朴的石桥、灵动的溪水、源自名山大川的景石和苗木，在精心雕琢的演绎下，升华为一种高于自然的心灵境界。

## 课外拓展

著名的景观设计大师和优秀的广场景观设计作品还有很多，这个章节只是选出了部分经典作品和代表人物，对其感兴趣的同学可以通过书籍、互联网等媒介获得更丰富的学习信息。

下面列举一些常用的专业网站，读者可以阅读设计资讯，浏览优秀方案，论坛交流，下载图纸，模型等。

筑龙网 www.zhulong.com

景观中国 www.landscape.cn

建筑论坛 www.abbs.com.cn

Sketch up 吧 www.sketchupbar.com

景观设计网 www.landdesign.com

中国设计网 www.cndesign.com